CATARATA

MANUEL DE LEÓN

Matemático, profesor de Investigación del CSIC y fundador del Instituto de Ciencias Matemáticas (ICMAT). Ha sido miembro del Comité Ejecutivo de la Unión Matemática Internacional (IMU) y del Consejo Internacional de la Ciencia (ICSU). Es académico numerario de la Real Academia de Ciencias y correspondiente de la Real Academia Canaria de Ciencias y de la Real Academia Galega de Ciencias. En su amplia actividad de divulgación destacan los libros *Las matemáticas del sistema solar* (con J. C. Marrero y D. Martín de Diego, 2009), *Las matemáticas y la física del caos* (con M. A. Fernández-Sanjuán, 2013), *La geometría del universo* (2013), *Rompiendo códigos. Vida y legado de Turing* (con Á. Timón, 2014), *La engañosa sencillez de los triángulos. De la fórmula de Herón a la criptografía* (con Á. Timón, 2019), *Cónicas. Historia de su independencia del cono* (con A. Carrillo, 2020), *Las matemáticas de la biología. De las celdas de las abejas a las simetrías de los virus* y *Las matemáticas de la pandemia* (estas dos últimas con A. Gómez Corral, 2019 y 2020).

ÁGATA TIMÓN GARCÍA-LONGORIA

Responsable de Comunicación y Divulgación del Instituto de Ciencias Matemáticas. Es licenciada en Ciencias Matemáticas por la Universidad Complutense de Madrid, máster en Periodismo y Comunicación de la Ciencia, la Tecnología y el Medio Ambiente y máster en Investigación Aplicada a Medios de Comunicación por la Universidad Carlos III de Madrid. Es coautora de diversos libros de divulgación, entre ellos *Rompiendo códigos. Vida y legado de Turing* (Catarata-CSIC, 2014) y *La engañosa sencillez de los triángulos* (Catarata-ICEMAT-FESPM, 2017). Escribe habitualmente sobre matemáticas en medios de comunicación y es coordinadora de las secciones "Café y teoremas", en *El País*, "Dimensión Fractal", en *eldiario.es*, y "Entre teoremas", en *ABC*. Ha sido invitada como ponente al Congreso Internacional de Matemáticos de 2026.

Manuel de León y Ágata Timón García-Longoria

¿Para qué sirven las matemáticas?

DISEÑO DE CUBIERTA: PABLO NANCLARES

ZURBANO, 76
28010 MADRID
TEL. 91 532 20 77
WWW.CATARATA.ORG

¿PARA QUÉ SIRVEN LAS MATEMÁTICAS?

ISBN: 978-84-1067-545-2
DEPÓSITO LEGAL: M-3.599-2026
THEMA: PDZ/PB

ÍNDICE

INTRODUCCIÓN

Sobre la utilidad de las matemáticas existe una gran variedad de opiniones. En las páginas que siguen, el lector encontrará la nuestra, ejemplificada con historias que nos ayudarán a ilustrar unas pocas de las variopintas e inesperadas ocupaciones de nuestros y nuestras colegas de profesión a lo largo de los últimos milenios. Pero, antes de nada, queremos detenernos un poco en los dos conceptos centrales del título de este libro: "matemáticas" y "servir para".

Consideramos que las y los matemáticos son todas las personas que han recibido educación superior en esta área y hacen un uso predominante de estos conocimientos adquiridos en su desempeño profesional. Pero en momentos y lugares concretos ha englobado a personas con formaciones y trayectorias muy diferentes. Incluso personas que eran consideradas matemáticas hace milenios, seguramente no lo serían ahora. Es el caso de, por ejemplo, sacerdotes o adivinas en diversos imperios antiguos. O los magos caldeos, o los escribas egipcios.

No aspiramos a retratarlas a todas en estas páginas, ni mucho menos, sino a narrar algunos casos que nos parecen especialmente interesantes. El libro recoge algunos episodios de la historia de las matemáticas (principalmente en Occidente), desde sus orígenes hasta el siglo XX, porque es en este periodo donde encontramos ejemplos accesibles de cómo conceptos abstractos terminaron transformando nuestro mundo. Las matemáticas viven, en el siglo XXI, una actividad más intensa que nunca, pero son extraordinariamente sofisticadas y para presentar sus enunciados más avanzados se requiere un espacio y una profundidad superior a la que queríamos emplear para abordar la temática tan amplia del libro.

Haremos hincapié en los y las profesionales que crean nuevas matemáticas, que hoy trabajan fundamentalmente en el ámbito académico. Es decir, a quienes se engloban en la definición que dio el investigador Jean Dieudonné (1906-1992): quien "ha publicado la demostración de al menos un teorema no trivial". Aunque es importante tener en cuenta que pese a que los teoremas y grandes resultados suelen recordarse con el nombre de una persona (habitualmente, quien dio primero con su demostración), muchos de ellos han sido posibles gracias a los conocimientos acumulados por generaciones de personas, que también son matemáticas. La ciencia es una empresa colectiva en la que participan muchas más personas que aquellas cuyos nombres prevalecen en la historia.

Además, también nos parece relevante recordar los obstáculos para acceder a ese desempeño profesional que han existido (algunos de ellos, persisten) a lo largo de la historia de nuestra civilización. Durante siglos, no todo el mundo tuvo acceso a la educación formal ni a los espacios donde se producía conocimiento matemático. Las mujeres, los grupos sociales menos favorecidos o las personas de ciertas regiones del mundo estuvieron prácticamente excluidos de las universidades, academias y círculos de investigación. Esta falta de acceso, además de limitar la diversidad de perspectivas y talentos que pudieron contribuir al desarrollo de las matemáticas, ha hecho muy estrecha la etiqueta de "matemático".

En cuanto al concepto de "servir para" puede resultar problemático. En nuestra cultura, casi todo se justifica por su utilidad. Lo que no "sirve para" algo (principalmente, desde una óptica económica: para producir, para resolver o al menos para mejorar) suele cuestionarse, considerarse accesorio o incluso una pérdida de tiempo. Esta lógica ha alcanzado también a las matemáticas, disciplina a la que se interroga de forma insistente: ¿para qué sirven?

Por un lado, existe un prejuicio de que las matemáticas están desconectadas del mundo real, como ilustra la siguiente historia. Un joven chino dedicó toda su vida a aprender el arte de cazar dragones, hasta que estuvo seguro de que ya dominaba todas sus técnicas; en ese momento, se dio cuenta de que en el mundo no había dragones, por lo que a partir de entonces se dedicó a enseñar cómo cazar dragones. René Thom (1923-2002), el creador de la teoría de catástrofes, utilizó esta leyenda para criticar el rumbo de la matemática más pura de mitad del siglo pasado, afirmando que los matemáticos nos habíamos convertido en maestros de cazadores de dragones.

Sin embargo, ¡nada más lejos de la realidad! En este libro el lector contemplará algunos de los muchos dragones que hay por cazar: las matemáticas son esenciales para nuestra sociedad en infinidad de cuestiones específicas, como construir ordenadores, diseñar fármacos o encontrar nuevos planetas.

Pero tampoco queremos justificar la importancia de las matemáticas únicamente a través de sus aplicaciones más tangibles. Theodor W. Adorno (1903-1969) advertía que la exigencia de que el pensamiento tenga inmediatamente una utilidad práctica constituye una presión hostil a la reflexión misma. Gran parte de las matemáticas florecen sin esa "presión". Se construyen sin necesidad de tener un planteamiento utilitarista de partida, sino para entrenar una forma de pensamiento lógica y para desentrañar patrones dentro de un lenguaje abstracto, cada vez más sofisticado, que, a veces, efectivamente, parece no tener ninguna relación con el mundo real.

Lo curioso es que, en muchas ocasiones, después, de forma sorprendente, alguno de estos desarrollos totalmente "inútiles" resulta ser la clave para afrontar un problema nuevo que, hasta ese momento, nadie se había planteado. Es la potencia y la creatividad del pensamiento libre, desarrollado sin restricciones. Fue el caso del estudio de los números primos (aquellos números enteros que solo se pueden dividir entre 1 y entre sí mismos, como el 2, el 5 o el 37). Durante siglos, matemáticos como Euclides (aproximadamente, siglo IV a. C.), Pierre de Fermat (1601-1665), Leonhard Euler (1707-1783) o Karl Friedrich Gauss (1777-1855) los estudiaron sin imaginar aplicación práctica alguna. Pero, a partir de los años setenta, los números primos se convirtieron en la base de la criptografía de clave pública, usada para proteger todo tipo de comunicaciones digitales: desde compras *online* hasta correos electrónicos o transferencias bancarias. Así, lo que durante siglos fue un "juego" abstracto acabó siendo esencial para garantizar la privacidad global en la era digital.

Algunas de las investigaciones actuales en matemáticas alimentan ya aplicaciones en criptografía cuántica, inteligencia artificial o física de partículas, pero en muchos casos su utilidad futura es aún desconocida, como lo fue la de los números primos durante dos milenios. Lo bonito de estas historias es que es imposible saber qué matemáticas terminarán siendo aplicadas y cuáles no. Porque todavía ni siquiera nos hemos planteado muchos de los problemas que necesitaremos resolver. Pero sabemos, por nuestra experiencia pasada, que desarrollar el pensamiento matemático permitirá disponer de una potente caja de herramientas para enfrentar retos futuros.

Además, más allá de aplicaciones a problemas concretos (presentes o futuros), se puede considerar la utilidad en función de lo que se aporta a las personas en su desarrollo como individuos. Lo verdaderamente útil es aquello que sustenta una vida humana plena y digna. Las matemáticas, bajo esta mirada, pueden ser útiles no por lo que "resuelven", sino por lo que activan: curiosidad, lógica, belleza, pensamiento abstracto, asombro. Este amplio concepto de "utilidad" será el que emplearemos en el libro.

CAPÍTULO 1

OFRECER VERDADES INALTERABLES

Las matemáticas tienen una característica única: buscan verdades que nunca dejarán de serlo. Mientras que en la física o la biología los paradigmas que se establecen para describir los fenómenos de la naturaleza suelen cambiar en pocas décadas por otros más adecuados, en matemáticas los teoremas persisten siempre, son eternos. Podrán ser reescritos de maneras más modernas, teniendo en cuenta que el lenguaje va ganando en perfección y complejidad, pero el resultado que describen es una verdad inmutable. También, a diferencia de otras ciencias, estas afirmaciones son referidas a objetos y relaciones abstractas, que permiten desarrollar el propio lenguaje matemático. Ese lenguaje, afinado por siglos de deducciones y refinamientos, se convierte después en una herramienta extraordinariamente útil (como veremos en el capítulo 5) para describir numerosos aspectos del mundo real. Y gracias a que conocemos las verdades profundas que gobiernan ese lenguaje, podemos deducir propiedades nuevas de los fenómenos que modelamos.

Para establecer estas afirmaciones irrefutables, los y las matemáticas emplean el método lógico deductivo. El primer registro de este tipo de razonamiento aparece en la obra *Elementos*, publicada alrededor del año 300 a. C. y firmada por Euclides, en la que se recopilaba y organizaba el conocimiento geométrico del momento.

Lo verdaderamente revolucionario del tratado es que todos los teoremas y propiedades conocidas se deducen como consecuencia lógica de un pequeño conjunto de axiomas. Gracias a este enfoque, este texto (uno de los más editados de la historia, después de la Biblia cristiana) estableció un modelo de razonamiento deductivo que influyó no solo en las matemáticas, sino también en la filosofía y en otras ciencias durante más de dos milenios.

Este procedimiento parte de unas pocas afirmaciones evidentes (los axiomas) y, a partir de ellas, avanza, mediante reglas lógicas, hacia nuevas proposiciones. Una vez que se llega a una afirmación, esta puede ser usada para seguir obteniendo, mediante el mismo mecanismo, las siguientes, generando una red de conocimiento cada vez más compleja.

Así funciona el elemento esencial en el trabajo de la investigación en matemáticas: la demostración, que se puede ver como un "camino" para llegar, paso a paso, de unas premisas o hipótesis de las que se parte hasta un resultado que se quiere deducir (las hipótesis o conjeturas, es decir, afirmaciones que aún no se sabe si son o no ciertas).

Por ejemplo, partiendo de la llamada fórmula de Euler (que afirma que el número de caras de cualquier polígono convexo más su número de vértices es igual a su número de aristas más 2), en unos pocos pasos lógicos y sin muchas ideas adicionales, se llega a la confirmación de que hay únicamente cinco sólidos regulares o platónicos (a saber: el tetraedro, el cubo, el octaedro, el icosaedro y el dodecaedro). Pero, para demostrar la fórmula de Euler a partir de otros resultados previos, hizo falta un vasto y profundo conocimiento del campo, un esfuerzo prolongado y un enfoque innovador. Habitualmente, estos ingredientes, sobre todo los dos primeros, son indispensables para poder llegar a nuevos teoremas.

Conviene recalcar que para demostrar una afirmación matemática no basta con verificarla en un número convincente de casos, ya que se podría estar olvidando una situación que, precisamente, incumpla la afirmación. Pero, si tuviéramos la suerte de dar con un caso de este tipo (habríamos hallado lo que se conoce como contraejemplo), podríamos afirmar que el resultado es falso de forma general y también quedaría resuelto el problema.

1.1. CONJETURAR: TRAZAR MAPAS PARA UN MUNDO POR CONOCER

El paso previo al teorema, en el caso favorable, son las conjeturas. Capturan intuiciones interesantes, o deseables, que aún no se han podido probar. Surgen como hipótesis razonables, formuladas a partir de patrones o ejemplos particulares observados. Incluso cuando permanecen sin resolver, las conjeturas estimulan el desarrollo de nuevas técnicas y teorías y pueden marcar el rumbo de la disciplina durante generaciones. Hay conjeturas que se han hecho muy populares también entre público no especialista, ya que son muy sencillas de enunciar (aunque endiabladamente difíciles de resolver, por eso siguen abiertas, es decir, sin confirmar o refutar). Fue el caso de la conjetura de Fermat, que afirma que no existen tres números enteros positivos a, b y c que satisfagan la ecuación $a^n + b^n = c^n$, cuando n es un número natural mayor que 2. Fue probada, siglos después de su enunciación, por Andrew Wiles (1953-), por lo que pasó a ser un teorema.

Otra de las conjeturas sin resolver más famosas es la de Goldbach, que indica que todo número par puede escribirse como suma de dos números primos. En 2012, Harald Helfgott (1977-) resolvió una versión débil de la conjetura (que es una forma más limitada, menos general, de la afirmación original, pero que aún capta parte de su esencia); sin embargo, la conjetura original sigue sin obtener respuesta. Según los expertos, será necesario desarrollar nuevas ideas, que aún hoy no tenemos, para poder hacerlo.

Otra de las conjeturas más famosas de la historia de las matemáticas fue propuesta por Johannes Kepler (1571-1630) en la Navidad de 1610. Según relata el propio Kepler, la pregunta inicial le vino a la mente mientras cruzaba el puente de Carlos en Praga, pensando en qué regalo de Año Nuevo podría ser el más apropiado para su benefactor y amigo Johannes Matthäus Wäckher von

Wackenfelds. Nevaba, y los copos de nieve caían sobre la solapa de su abrigo. Al observar los copos, encontró en ellos una extraña regularidad. Como buen científico, no pudo evitar preguntarse sobre ello: ¿por qué todos tienen forma hexagonal?, ¿por qué no tienen cinco lados o siete? Aquel fue el origen del ensayo que regaló a su benefactor "Strena seu de nive sexángula" (El copo de nieve de seis ángulos), un librito de unas escasas 24 páginas que empieza de la siguiente manera: "Sí, sé bien qué tan aficionado es usted a la nada; de seguro no tanto por su mínimo valor, sino por el juego divertido y delicioso que uno puede tener con ella, cual si fuera un gorrión feliz. Por tanto, me imagino que para usted un regalo debe ser mejor, y mejor recibido, cuanto más se acerque a la nada".

Kepler ironizaba así sobre su situación económica en Praga, siempre pendiente de los pagos a destiempo y recortados de Rodolfo II, en cuya corte trabajaba de astrónomo, porque, ¿qué mejor regalo que dar nada a quien nada recibe? Kepler hacía un juego de palabras con *nix* (en latín, que significa 'nieve') y *nichts* (en alemán, 'nada'). Añadía, además, que no habrá mejor regalo en esas fechas que reflexionar sobre algo que cae del cielo.

En su ensayo, Kepler imagina que la nieve está formada por partículas que podrían ser glóbulos, que se apilan ocupando el mínimo espacio posible. Años antes, Kepler había pensado en este mismo problema matemático partiendo de otra cuestión física. En su correspondencia con el astrónomo y matemático inglés Thomas Harriot (1560-1621), se preguntaban acerca de la manera óptima de apilar balas de cañón en la cubierta de un buque. *Sir* Walter Raleigh, de quien Harriot fue ayudante, le había planteado este reto en 1585, cuando estaban planificando una expedición rumbo a Virginia, a fin de establecer allí la primera colonia británica. Kepler conjetura que el empaquetamiento óptimo, es decir, la forma más densa posible de empaquetar esferas iguales en el espacio (o, lo que es lo mismo, la que minimiza el espacio dejado por los huecos entre las esferas), es el que sigue un patrón en forma de pirámide. Es la manera en la que los fruteros apilan las naranjas, poniendo cada fruta de la siguiente capa apoyada en el hueco de las cuatro naranjas que están justo debajo en la capa anterior. Probar que cualquier otra disposición de esferas es menos densa que esta llevó tres siglos.

Carl Friedrich Gauss (1777-1855), conocido como el Príncipe de las Matemáticas, probó la conjetura en el caso regular, es decir, cuando solo se permite que las esferas estén dispuestas en una red cúbica centrada en las caras (o en estructuras equivalentes regulares), la mejor disposición es, efectivamente, la piramidal. Pero ¿podría haber una disposición irregular que fuese más densa? En el Congreso Internacional de Matemáticos de 1900, David Hilbert (1862-1943), uno de los grandes matemáticos del siglo XIX, incluyó esta cuestión en su lista de los 23 problemas abiertos más importantes para el siglo XX en la posición número 18. Un siglo más tarde, la Fundación Clay de Matemáticas redactó una lista análoga para el siglo XXI: la de los llamados Problemas del Milenio, cuya resolución está galardonada con un millón de dólares. De momento, solo se ha probado uno de los siete problemas de la segunda lista, mientras que la mayoría de los problemas de Hilbert están resueltos, entre ellos el número 18.

Ya en el siglo XX, el matemático húngaro Laszlo Fejes Toth (1915-2005) resolvió la versión en dos dimensiones, es decir, con círculos en lugar de esferas. Mostró que, en plano, el empaquetamiento hexagonal —en el que se repite un patrón donde se disponen seis circunferencias en los vértices del hexágono y una en su centro— es el más denso. Además, redujo la resolución del problema en tres dimensiones a la ejecución de un número finito, aunque enorme, de cálculos. En los años noventa, Thomas Hales fue capaz de realizar las cuentas propuestas por Toth, ayudado por la potencia del ordenador. Se trataba de una prueba por agotamiento en la que revisaba, uno por uno, una enorme cantidad de casos posibles con la ayuda de un ordenador. Cuando se presentó la demostración, los matemáticos encargados de revisarla reconocieron que no podían comprobar cada paso a mano, por lo que afirmaron estar al "99% seguros" de su corrección. La conjetura fue aceptada como un teorema, pero para eliminar cualquier inquietud, Hales llevó a cabo la demostración de la veracidad de su prueba a través del proyecto Fluspeck, que él mismo lideró y culminó en 2014. Para ello, utilizó unos programas llamados asitentes de pruebas (de los que hablaremos en el capítulo 8), los cuales permiten comprobar de manera absolutamente rigurosa cada paso lógico de una demostración matemática, eliminando cualquier duda. Finalmente, en 2017, esta verificación formal y completa de la conjetura de Kepler fue aceptada y publicada en la revista *Forum of Mathematics, Pi*, convirtiendo la conjetura en un resultado indiscutible.

Pero la curiosidad matemática es inacabable y de una afirmación suelen surgir nuevas preguntas, así que aquello no zanjó el asunto. El problema estaba resuelto en dos y tres dimensiones, pero ¿qué pasa en dimensiones superiores? En 2016, la matemática ucraniana Maryna Sergiivna Viazovska (1984-) resolvió el problema en ocho dimensiones, lo que llevó después a la solución en 24 dimensiones. Sorprendentemente, la prueba era relativamente sencilla comparada con la de dimensión tres. Por este avance, Viazovska recibió la Medalla Fields, el mayor galardón matemático, en el Congreso Internacional de Matemáticos de 2022.

1.2. AXIOMATIZAR: EL SUEÑO ¿FALLIDO? DE LOS MATEMÁTICOS

Ahora bien, ¿es posible esperar que, como sucedió con la conjetura de Kepler, antes o después, con más o menos esfuerzo, se puedan resolver, bien sea demostrando o refutando, todas las conjeturas imaginables? Esta fue la pregunta que se hizo David Hilbert. Para enfrentar la cuestión, lo primero, según Hilbert, era garantizar que se contaba con el mejor conjunto de axiomas de partida posible, ya que sería la base de todo el sistema. Este fue uno de los grandes proyectos de las y los matemáticos, principalmente, a partir del siglo XIX: identificar las verdades indiscutibles e indemostrables sobre las que construir, de la manera más eficiente y elegante posible, todo el "edificio" de la disciplina.

Como hemos comentado, Euclides había puesto, hacía más de 2.000 años, la primera piedra del proyecto, axiomatizando la geometría y la aritmética clásica. En relación con la geometría, propuso sus famosos cinco postulados, que dieron mucho que pensar a quienes lo siguieron: ¿eran todos ellos necesarios o se podría reducir aún más el conjunto de axiomas? Especialmente, las dudas emergían a causa del quinto postulado, que afirma que "por un punto exterior a una recta solo se puede trazar una paralela". Es una observación más compleja que el resto ("dados dos puntos, se puede trazar una recta que los une" o "cualquier segmento puede prolongarse de manera continua en cualquier sentido"), lo que invitaba a preguntarse si, quizás, podría deducirse de forma lógica de los cuatro anteriores y, por tanto, no tendría que ser asumida como postulado.

Los sucesivos intentos fallidos de probar que este axioma se deducía de los otros cuatro llevaron a Jean le Rond D'Alembert (1717-1783) a declarar este problema como "el escándalo de la geometría elemental". La solución llegó de manos de János Bolyai (1802-1860) y Nikolái Lobachevski (1792-1856), de forma independiente. Para tratar de demostrar que el quinto postulado se derivaba de los otros cuatro, consideraron un nuevo sistema que incluía los cuatro primeros postulados junto con la negación del quinto (es decir, que por un punto exterior a una recta se pueden trazar infinitas paralelas a dicha recta) con la intención de llegar a una contradicción. Esta habría mostrado que la suposición inicial era imposible y, por lo tanto, que los cuatro primeros postulados implican lógicamente al quinto. Sin embargo, en lugar de hallar una contradicción, obtuvieron una nueva geometría, llamada geometría hiperbólica. Así, demostraron que el quinto axioma era independiente de los otros cuatro y ampliaron el mundo de la geometría, abriendo el abanico de las llamadas geometrías no euclidianas. Años más tarde, estos extraños modelos abstractos permitieron describir con rigor el universo relativista de Albert Einstein, como veremos en el capítulo 6.

Hilbert retomó y modernizó la tarea de axiomatizar la geometría que había iniciado Euclides. En su libro *Grundlagen der Geometrie* (Fundamentos de geometría), publicado en 1899, propuso un conjunto de 20 axiomas, organizados en grupos de incidencia, orden, congruencia, paralelismo y continuidad, como base rigurosa para deducir toda la geometría euclidiana de manera lógica y sistemática. Alfred Tarski (1901-1983) y George Birkhoff (1884-1944) desarrollaron sistemas axiomáticos alternativos: Tarski creó un enfoque basado en lógica de primer orden, mientras que Birkhoff propuso un sistema más simple usando solo cuatro axiomas centrados en distancia y ángulos. Estos trabajos ayudaron a perfeccionar la formalización de la geometría.

A continuación, Hilbert pretendió axiomatizar, de igual manera, el resto de las matemáticas y, además, probar que esta base lógica sólida permitía arrojar luz sobre cualquier cuestión matemática que se planteara. En 1920, propuso formalmente este proyecto de investigación en metamatemáticas, que se conoció como el programa de Hilbert, que buscaba demostrar que cualquier afirmación es verificable o refutable a partir de los axiomas, que no pueden darse contradicciones y, además, que se puede disponer de un algoritmo que decide para cualquier afirmación dada si es verdadera o falsa.

Hilbert escribió: "Las matemáticas no son como un juego cuyas tareas están determinadas por reglas estipuladas arbitrariamente. Se trata más bien de un sistema conceptual dotado de una necesidad interna que solo puede ser tal y no de otro modo".

Este intento de apoyar las matemáticas en principios definitivos, que pudieran desterrar las incertidumbres teóricas, acabó en fracaso. Kurt Gödel (1906-1978) demostró que cualquier sistema formal consistente que sea lo suficientemente potente como para expresar la aritmética básica no puede demostrar su propia completitud utilizando únicamente sus propios axiomas y reglas de inferencia. En 1931, su teorema de incompletitud demostró que el gran plan de Hilbert era imposible de llevar a cabo.

Sin embargo, todo aquel esfuerzo no cayó en saco roto. La necesidad de comprender el trabajo de Gödel condujo al desarrollo de la teoría de la recursividad y, posteriormente, a la lógica matemática como disciplina autónoma, en la década de 1930. La base de la informática teórica posterior, iniciada con la obra de Alonzo

Church y Alan Turing (con quienes volveremos en el capítulo 6), surgió directamente de una variación de este problema, conocida como el problema de la parada. Con todo ello, las matemáticas sirvieron, también, para establecer, de forma rigurosa, que hay límites que no podrá rebasar: ¿qué otra ciencia es capaz de ofrecer algo parecido?

CAPÍTULO 2

MATEMÁTICAS PARA CONTAR Y MEDIR EL MUNDO

Mucho antes de erigirse como el sistema riguroso de demostraciones y verdades que conocemos hoy, las matemáticas nacieron de una necesidad mucho más sencilla: contar. Surgieron como una herramienta para desempeñar tareas cotidianas en las primeras comunidades humanas: listar animales cazados, frutos recolectados, días transcurridos o miembros de un grupo. Así, los números, en sus primeras manifestaciones simbólicas, fueron una de las formas más antiguas de lenguaje estructurado. Al contar, el ser humano no solo llevaba un registro, sino que capturaba su experiencia del mundo. Cada símbolo numérico equivalía a una historia condensada: una cacería, una deuda o un día en el ciclo lunar o menstrual. Estas primeras matemáticas crearon una vía para recordar y transmitir información esencial. Su valor no radicaba únicamente en el cálculo, sino en la posibilidad de dar permanencia a la memoria colectiva.

Los primeros rastros de pensamiento matemático se han hallado en huesos con muescas del Paleolítico, que se cree que funcionaban como una forma de contabilidad rudimentaria: para registrar cantidades o acontecimientos. Uno de ellos fue localizado en Ishango, entre la frontera de Uganda y la República Democrática del Congo, en el lago Eduardo del río Nilo. Se trata de un hueso de babuino tallado hace 20.000 años con tres columnas de muescas agrupadas asimétricamente, que parecen codificar un sistema de numeración. La columna central comienza con tres muescas, que luego se duplican. El mismo patrón aparece con cuatro muescas, que se convierten en ocho. Posteriormente, se invierte el proceso: de diez muescas se pasa a cinco, es decir, la mitad. Estas secuencias sugieren que las marcas en el hueso no representaban números arbitrarios, sino un intento de reflejar operaciones de multiplicación y división por dos.

En las columnas laterales también se observan patrones numéricos interesantes. Todos sus valores son impares: 9, 11, 13, 17, 19 y 21. En la columna izquierda aparecen precisamente los números primos (es decir, los que solo se pueden dividir entre 1 y entre ellos mismos) comprendidos entre 10 y 20 (11, 13, 17 y 19), mientras que en la derecha se encuentran valores construidos como 10 ± 1 y 20 ± 1. Además, la suma de cada una de estas columnas da 60, mientras que la de la columna central, 48. Ambos resultados son múltiplos de 12. Observando estas propiedades, algunas arqueólogas y arqueólogos consideran que el hueso pudo haber funcionado como una herramienta para realizar cálculos matemáticos elementales.

Existen otros palos de conteo prehistóricos aún más antiguos. De hace unos 35.000 años data un hueso de lobo de unos 18 centímetros de largo encontrado en Dolni Vestonice (Moravia, República Checa), marcado con 55 muescas. Su interpretación no es tan clara. Algunos autores consideran que las marcas representan calendarios y otros, ornamentos rituales. De lo que no hay duda es que este hallazgo, junto a otras expresiones simbólicas del sitio arqueológico, como figurillas de Venus en marfil, enterramientos rituales y uno de los hornos cerámicos más antiguos del mundo, sugiere que los habitantes de aquel lugar poseían un mundo cognitivo avanzado, donde el registro abstracto mediante marcas contables podía estar presente.

Otro ejemplo de protonúmeros se ha hallado en vasijas de barro, que se cree que podrían haber sido usadas por pastores para hacer el recuento de su rebaño. Colocaban una piedrecita por cada oveja dentro de una vasija, para, al volver de pastar, comprobar de nuevo si el número de piedras guardadas coincidía con sus cabezas de ganado. Después, las piedras fueron sustituidas, sencillamente, por muescas en el exterior de la vasija.

2.1. SÍMBOLOS PARA OPERAR DE FORMA RÁPIDA Y PRECISA

Con el tiempo, este impulso por contar y registrar alcanzó un grado de refinamiento notable en civilizaciones como la babilónica. En Mesopotamia, hace unos 5.000 años, las matemáticas se consolidaron como un lenguaje administrativo, capaz de sostener la compleja estructura de una de las primeras grandes civilizaciones de la historia. Pronto ese simple acto de contar derivó en un pensamiento más sofisticado. Para administrar tierras, era necesario medir superficies; para repartir cosechas, manejar fracciones; para organizar el calendario ritual, con el que pretendían predecir lo que les podría ocurrir a sus gentes, observar y calcular los ciclos astronómicos.

Plantearon problemas geométricos para calcular la longitud de diagonales o el volumen de cuerpos, que se resolvían mediante relaciones geométricas y numéricas. Entre estas primeras "verdades matemáticas" conocidas por los babilonios, aún no demostradas formalmente, se hallaba el famoso teorema de Pitágoras, que afirma que en un triángulo rectángulo, el cuadrado de la longitud de la hipotenusa (el lado opuesto al ángulo recto) es igual a la suma de los cuadrados de las longitudes de los otros dos lados. La célebre tablilla Plimpton 322 (que se cree que fue escrita aproximadamente en el 1800 a. C., siglos antes de Pitágoras) recoge ternas pitagóricas, es decir, conjuntos de tres números enteros a, b y c que cumplen el teorema de Pitágoras, $a^2 + b^2 = c^2$, como 3, 4 y 5.

Los babilonios expresaban los números mediante un sistema de base 60. El sistema sexagesimal agrupa cantidades de 60 en 60, como aún hacemos hoy al medir el tiempo: 60 segundos forman un minuto y 60 minutos una hora. Una de las ventajas de este sistema es que permite realizar cálculos con fracciones de manera sencilla y precisa, ya que el número 60 tiene muchos divisores (1, 2, 3, 4, 5, 6, 10, 12, 15, 20, 30 y 60). Así, podían dividir con facilidad cantidades contabilizadas en partes iguales. El número 60 también facilita la práctica cotidiana de contar con los dedos. Con una mano, usando el pulgar para señalar cada una de las tres falanges de los otros cuatro dedos, se puede llegar hasta 12. Al mismo tiempo, la otra mano sirve para llevar la cuenta de cuántas docenas se han contado, hasta cinco. De esta manera, el uso coordinado de ambas manos permite llegar naturalmente a 60.

Su sistema numérico era posicional, al igual que lo es el nuestro actual: el valor de un mismo signo dependía del lugar que ocupaba dentro de la cifra. Así, un mismo símbolo podía representar unidades, grupos de 60, grupos de 3.600 (60^2), y así sucesivamente, dependiendo de su posición. Este principio, que hoy nos parece evidente, familiarizados como estamos con nuestro sistema decimal, representaba en la época un gran avance, pues permitía escribir números grandes de manera compacta y realizar operaciones con más eficiencia. Gracias a este sofisticado sistema de numeración, elaboraron tablas de multiplicar, de cuadrados y de raíces cuadradas.

2.2. MATEMÁTICAS PARA CONTAR LA NADA

A lo largo de la historia, se han desarrollado muchos otros sistemas de numeración de los que tenemos constancia: los griegos, los romanos, los mayas, etc., idearon diferentes métodos para representar los números y, además, operar con ellos. Nuestro sistema numérico actual, el denominado sistema decimal, fue creado por los matemáticos de la India y transmitido a Europa a través de los árabes, de ahí que se llamen números arábigos.

Este ingenioso método usa solo diez signos diferentes, cuyo valor cambia según la posición que ocupan, multiplicándose por potencias de 10 (unidades, decenas, centenas…). Ya en los Vedas, la colección de textos sagrados que constituyen las escrituras más antiguas del hinduismo y de la literatura india (el más antiguo datado entre el 1500 y el 1200 a. C.), aparecen referenciados números basados en potencias de 10. No se denotan con los símbolos numéricos, sino con palabras: 1 (*eka*), 10 (*daśa*), 100 (*śata*), 1.000 (*sahasra*), 10.000 (*ayuta*), 100.000 (*lakṣa*) y 1.000.000 (*niyuta*).

También se emplea el sistema numérico decimal en el Satapatha Brāhmaṇa, compuesto hacia el siglo VII a. C. Este texto, perteneciente también a la tradición védica, muestra una aplicación práctica de principios matemáticos basados en la estructura decimal, especialmente en reglas para construcciones geométricas empleadas en los rituales. Dichas reglas reaparecen y se amplían en los Śulvasūtras, redactados entre los siglos VII y IV a. C. Estas obras, escritas en sánscrito, presentan las enseñanzas en forma de versos breves, fáciles de memorizar, seguidos de comentarios en prosa que explican y justifican los métodos empleados. Transmitidos oralmente hasta alrededor del 500 a. C., los Śulvasūtras reflejan un conocimiento matemático notable, que incluye operaciones aritméticas, proporciones y relaciones geométricas expresadas en base 10, lo que evidencia el uso implícito del sistema decimal. Con el tiempo, esta tradición oral dio paso a una notación más formal y a la escritura de textos matemáticos, como el Manuscrito de Bakhshali, descubierto en 1881 cerca de Peshawar y conservado actualmente en la Universidad de Oxford (Reino Unido). Datado entre los siglos III y IV d. C., este manuscrito contiene numerosos problemas de aritmética (ejercicios de fracciones, raíces cuadradas o la regla de tres), de álgebra (ecuaciones lineales y cuadráticas o progresiones aritméticas) y ejercicios geométricos.

Un problema incluido en el manuscrito es el siguiente: “Un mercader tiene siete caballos, un segundo mercader tiene nueve de otra clase y un tercero tiene diez camellos. Si cada uno cede dos de sus animales a los otros dos mercaderes, todos tendrán el mismo valor en conjunto. Encontrar el precio de cada animal y el valor total de los animales que poseerá cada mercader”.

En el Manuscrito de Bakhshali ya se usa el símbolo del cero, como un recurso notacional para denotar ausencia. Prácticamente todos los sistemas de numeración lo han incorporado en este sentido: en el antiguo Egipto, los escribas usaban un símbolo para el cero (que significaba "algo hermoso y placentero"), tal y como aparece en el papiro Boulaq 18 (datado en el 1860 a. C.), también en las antiguas culturas precolombinas, los mayas también usaron el cero (un glifo que representaba, aparentemente, la concha de una tortuga). Su valor dentro de los sistemas posicionales es fundamental, ya que un cero en una determinada posición dentro de una cifra muestra la ausencia de valores en ese orden de forma clara y determina su valor total. Gracias a él, podemos diferenciar magnitudes completamente distintas como 15, 105 y 150. En 105, el cero marca que no hay decenas, mientras que en 150 señala que no hay unidades. Su uso mejoraba de forma significativa la solución de otros sistemas posicionales, que simplemente representaban la ausencia de cierto orden con un vacío, como se observa en las tablillas de Babilonia o en las series complejísimas de nudos (denominados quipus) de los incas.

En el siglo VII, en la India, Brahmagupta dio un salto conceptual y dotó al cero de entidad matemática plena: pasó a convertirse en un número con el que se podía operar (sumar, restar y multiplicar) siguiendo reglas definidas.

El sistema de numeración decimal indio, con el cero, fue transmitido por matemáticos árabes por todo el Magreb y al-Ándalus. Su popularización en Europa llegó de la mano del matemático Fibonacci (Leonardo de Pisa [*c.* 1170-*c.* 1240]) en el siglo XII, quien parece que lo aprendió en sus viajes por el norte de África con su padre. El sistema simplificaba de una manera casi mágica los cálculos de los comerciantes, acostumbrados al ábaco. Sin embargo, su implantación tuvo cierta resistencia: en algunos lugares el cero fue considerado sospechoso e incluso acusado de ser un elemento demoniaco. Con el tiempo, a lo largo de varios siglos, el uso del sistema decimal se fue generalizando hasta convertirse en el sistema predominante en Europa.

A partir del Renacimiento, la expansión científica y técnica (sobre todo en astronomía, contabilidad, cartografía y posteriormente en física y mecánica) consolidó definitivamente la numeración decimal como la herramienta estándar para el cálculo. La imprenta ayudó a difundir manuales y tablas numéricas basadas en este sistema, lo que aceleró su adopción entre eruditos y profesionales. Ya en la Edad Moderna, con la expansión europea y el desarrollo global del comercio, la administración y la ciencia, el sistema decimal se extendió por todo el mundo hasta quedar establecido como la forma universal de representar los números.

2.3. MATEMÁTICAS PARA CONTAR LO INCONTABLE

El sistema decimal permite escribir números tremendamente grandes de forma sencilla, como, por ejemplo:

- Un millón: 10^6 = 1.000.000.
- Un billón: 10^{12} = 1.000.000.000.000.
- Un trillón: 10^{18} = 1.000.000.000.000.000.000.
- Un cuatrillón: 10^{24} = 1.000.000.000.000.000.000.000.000.

En 1920, Milton Sirotta (1911-1981), un niño de 9 años, sobrino del matemático estadounidense Edward Kasner (1878-1956), creó el nombre para un número gigante. En un paseo por los Palisades de Nueva Jersey (Estados Unidos), Kasner pidió a sus sobrinos posibles denominaciones para el número 10^{100}, o lo que es lo mismo, un uno seguido de cien ceros:

10.000.000.000.000.000.000.000.000.000.000.000.000.000.000.
000.000.000.000.000.000.000.000.000.000.000.000.000.000.
000.000.000.000.000.000.000.000.000.000.000

Milton sugirió "googol", tal y como cuentan Kasner y James R. Newman en el libro *Mathematics and the Imagination* (1940):

> Las palabras sabias son pronunciadas por los niños con la misma frecuencia que por los científicos. El nombre de *googol* fue inventado por un niño (el sobrino de 9 años de Kasner) al que le pidieron que pensara un nombre para un número muy grande, a saber, un 1 con cien ceros después. Estaba seguro de que ese

> número no era infinito y, por tanto, también de que tenía que tener un nombre. Al mismo tiempo que sugirió *googol*, dio nombre a un número aún mayor: *googolplex*. Un *googolplex* es mucho mayor que un *googol*, pero sigue siendo finito, como se apresuró a señalar el inventor del nombre. Se sugirió que un *googolplex* fuera un 1 seguido de escribir ceros hasta cansarse. [...] Un gúgolplex es mucho más grande que un gúgol. Podemos hacernos una idea del tamaño de este número, muy grande pero finito, por el hecho de que no habría espacio suficiente para escribirlo si fuéramos hasta la estrella más lejana, recorriendo todas las nebulosas y poniendo ceros en cada centímetro del camino.

Años más tarde, Larry Page y Sergey Brin, dos estudiantes de posgrado en la Universidad de Stanford (Estados Unidos), tomaron prestado este nombre para el buscador de información que estaban desarrollando: Google.

Estos números enormes, como el *googol* o el *googolplex*, aunque son cantidades limitadas, permiten imaginar cómo los números pueden crecer de manera interminable. A lo largo de la historia, las matemáticas han ideado también herramientas propias para capturar ese "más allá" dentro de un razonamiento preciso: el concepto de infinito.

El infinito, igual que el cero, tardó siglos en tomar una forma estable dentro de las matemáticas. Las primeras culturas lo intuyeron como una inmensidad cósmica y algunos filósofos griegos debatieron sobre si podía existir en la realidad o solo como una idea. Durante mucho tiempo dominó la visión aristotélica del "infinito potencial", algo que nunca se alcanza por completo, una noción más filosófica que matemática, que llevaba a afirmaciones del tipo "el número no puede ser infinito, ya que este, así como todo lo que tiene número, puede contarse, y si puede contarse no es infinito". Hubo que esperar hasta la Edad Moderna para que el infinito se convirtiera en un objeto matemático plenamente aceptado.

Georg Cantor (1845-1918) fue quien, a comienzos del siglo XX, ideó un marco riguroso que permitió tratar el infinito como objeto matemático. Además, probó que había conjuntos infinitos de distinto tamaño: por ejemplo, el de los números naturales, que era diferente al de los números reales. Para distinguirlos, ideó el concepto de cardinal, que indica la cantidad de elementos de un conjunto. El cardinal de los conjuntos finitos viene dado por su número de elementos (por ejemplo, el conjunto A = {a, b, c} tiene cardinal 3, mientras que B = {x} tiene cardinal 1). El cardinal de todos los conjuntos infinitos numerables (aquellos cuyo número de elementos coincide con el de los naturales) es álef 0 (el cardinal infinito más pequeño). También tiene este cardinal el conjunto de los números pares, ya que se puede establecer una correspondencia con los naturales simplemente asignando a cada número natural su doble. Y lo mismo ocurre, aunque nos sorprenda, con los números racionales (las fracciones). Pero no pasa así con los irracionales (los no racionales) y con todos los números reales (racionales e irracionales). Estos conjuntos tienen como cardinal álef 1, al igual que el conjunto de todos los puntos de cualquier segmento, y como demostró Cantor, el conjunto de todos los puntos dentro de un cuadrado o en un cubo (de cualquier tamaño).

Cantor ideó una sucesión de cardinales transfinitos que no termina: álef 0, álef 1, álef 2, álef 3..., y así sucesivamente. Algunas reacciones a esta nueva teoría fueron violentas. Leopold Kronecker (1823-1891), el director de tesis de Cantor, llegó a decir que su estudiante era "un charlatán, un renegado y un corruptor de la juventud". Ludwig Wittgenstein (1889-1951), uno de los pensadores más influyentes del siglo XX, lamentó que las matemáticas se vieran dirigidas por "el pernicioso idioma de la teoría de conjuntos". Las ideas de Cantor fueron vistas por algunos intelectuales de la época como un desafío a la infinitud de Dios, y él, devoto luterano que, de hecho, creía que esos resultados habían sido inspirados en su mente por el propio Dios, fue acusado de panteísmo. A la vez, muchos de sus colegas le demostraron una admiración sin límites.

Empleando su teoría de los cardinales transfinitos, Cantor demostró que el cardinal del conjunto de partes de un conjunto dado era estrictamente mayor que el del propio conjunto, algo evidente en conjuntos finitos, pero no tanto en los infinitos. Esto le llevó a formular lo que se llama la hipótesis del continuo, que afirma que no hay ningún cardinal entre álef 0 y álef 1. David Hilbert incluyó esta cuestión como uno de los 23 problemas que expuso en su célebre conferencia en el Congreso Internacional de Matemáticos de París en 1900. En 1963, Paul Cohen (1934-2007) demostró que la aritmética era consistente tanto si se admite la hipótesis del continuo como si no (logro por el que recibió una Medalla Fields).

2.4. GEOMETRÍA, O EL ARTE DE MEDIR LA TIERRA

En el antiguo Egipto, las matemáticas tenían un papel muy relevante en la agricultura. Cada año, las inundaciones del Nilo arrasaban con los límites de las parcelas de tierra, por lo que era necesario medir nuevamente los campos para poder repartirlos y calcular sus impuestos de manera justa. Para llevar a cabo estas mediciones, se empleaban principios que hoy relacionamos con el teorema de Pitágoras. Los topógrafos egipcios, conocidos como *harpedonaptae* (o 'cuerda tensada'), utilizaban cuerdas anudadas para formar triángulos rectángulos perfectos, lo que les permitía trazar ángulos rectos y calcular longitudes diagonales con precisión.

La geometría permite traducir el espacio en lenguaje matemático y así estudiar las propiedades y relaciones generales de los puntos, rectas y formas. Entender estas relaciones resulta tremendamente útil para calcular medidas allí donde era complicado (o imposible) acceder directamente. Así, por ejemplo, los matemáticos griegos emplearon estas ideas, y cierto ingenio, para medir el radio del planeta Tierra, cuya esfericidad aceptaban sin titubeos, mucho antes de que en tiempos recientes algunos decidieran ponerla en duda.

Eratóstenes (276 a. C.-194 a. C.) midió la circunferencia de la Tierra utilizando la diferencia en la longitud de las sombras proyectadas por el sol en dos ciudades, Alejandría y Siena, durante el solsticio de verano. La idea, según cuenta la leyenda, se le ocurrió al observar que en Siena, el día del solsticio, al mediodía, el Sol no proyectaba sombra, mientras que en Alejandría sí lo hacía. Midió la longitud de la sombra proyectada por un objeto vertical y, conociendo su altura, calculó el ángulo que formaba el sol con la vertical. Sabía también cuál era la distancia entre Alejandría y Siena, y con todos esos datos y sencillas proporciones geométricas dedujo el diámetro de la Tierra. Su cálculo se acerca bastante al correcto, a pesar de varios errores cometidos y las obvias aproximaciones.

Al-Biruni (973-1050) ideó otro método ingenioso para calcular el radio y la circunferencia de la Tierra sin necesidad de recorrer largas distancias. Subió a la cima de una montaña y midió el ángulo bajo el cual se veía el horizonte desde esa altura. Conociendo la altura de la montaña y aplicando relaciones trigonométricas simples, pudo deducir la curvatura de la superficie terrestre y, a partir de ahí, calcular con sorprendente precisión el radio de la Tierra.

Muchos años después, a finales del siglo XVII, los científicos empezaron a notar pequeñas variaciones en la gravedad y en el movimiento de los cuerpos celestes que no podían explicarse si la Tierra fuera una esfera perfecta, como se creía que era. Por ejemplo, la precesión de los equinoccios y el movimiento de los satélites naturales (como la Luna) sugerían que la distribución de la masa terrestre no era completamente uniforme. Así, de los dos lados del canal de la Mancha surgieron dos teorías contrapuestas: la teoría de Gian Domenico Cassini (1625-1712) y René Descartes (1596-1650), que afirmaba que el planeta tenía forma de melón (es decir, achatada por el ecuador), y la de Isaac Newton (1643-1727), que aseguraba que estaba abombada por los polos.

El enfrentamiento entre ellos no era nuevo: en sus *Principia mathematica* (1687), Newton contradecía la teoría física preexistente para explicar la fuerza de gravitación, propuesta por Descartes. La polémica, además, adquirió tintes nacionalistas: Inglaterra defendía la Tierra-calabaza de Newton, y Francia, la Tierra-melón de Descartes. Para resolver esta cuestión, se organizaron expediciones al ecuador y a las regiones polares, con el objetivo de medir con precisión la forma de la Tierra.

La academia francesa envió una expedición a Laponia, para medir un grado del meridiano en los polos, y otra al ecuador.

Bastaba con realizar una medición de una parte del meridiano y extrapolar la medida del diámetro de la Tierra para calcular el grado de achatamiento del planeta. El líder de la expedición fue Charles Marie de La Condamine (1701-1774), militar muy interesado por las matemáticas, que se convirtió en el primer francés que viajó a la Amazonia. En su tripulación contaba con dos jóvenes tenientes de navío españoles, Jorge Juan (1713-1773) y Antonio de Ulloa (1716-1795), debido a la invitación que el rey Luis XV de Francia envió a su primo, el monarca Felipe V, para que España participase en la expedición francesa (y, de paso, conseguir también un mejor trato para viajar a los países americanos). Jorge Juan sería el matemático y Antonio de Ulloa el naturalista.

Para lograr sus objetivos, las medidas obtenidas cerca del ecuador deberían ser confrontadas con las de otra expedición, esta enviada al norte, cerca del polo; en concreto, a Laponia. La comparación de los resultados confirmó la hipótesis de Newton.

2.5. EL PROBLEMA DE LA LONGITUD QUE RESOLVIÓ UN CARPINTERO INGLÉS

La medición de amplias distancias terrestres preocupó a los matemáticos mucho antes de este episodio. El ser humano necesitaba orientarse en mar abierto, trazar rutas seguras y, poco a poco, dibujar mapas que dieran forma al mundo. La medición de la Tierra en su conjunto se convirtió así en una empresa colectiva, que se fue desarrollando a lo largo de los siglos con el trabajo de numerosos matemáticos.

Una vez que los barcos ampliaron su área de navegación (inicialmente no abandonaban la vista de la costa), era esencial determinar su posición en alta mar con instrumentos diseñados para ello, como el astrolabio (que ya conocían en el periodo helenístico) y el sextante. Con este último, era posible determinar la latitud (es decir, la distancia angular al ecuador, medida a lo largo del meridiano que pasa por el punto en cuestión), a partir de la posición de la estrella polar o de la altura del Sol. Sin embargo, determinar la longitud (es decir, la distancia a un meridiano cero) supuso un reto mucho más difícil de resolver.

Medir la longitud exige una referencia temporal muy exacta. Como la Tierra gira 360° en 24 horas, cada hora equivale a 15° de longitud, así que, para saber dónde está un barco en el eje este-oeste, se debe comparar la hora local (que es un dato fácil de obtener, por ejemplo, observando el Sol al mediodía) con la hora en un punto fijo del mundo, el meridiano de referencia. Esa diferencia de horas da directamente la longitud. Así que el gran desafío consistía en diseñar un reloj mecánico capaz de mantener la hora correcta del lugar de referencia para llevarlo a bordo de un barco y compararlo con la hora que se observa en la nave. Los relojes de péndulo ideados por Christiaan Huygens (1629-1695) permitían determinar con precisión la longitud en tierra, pero, al intentar aplicarlos a la navegación, el movimiento del barco, la humedad y los cambios de temperatura arruinaban su precisión. Y con tan solo un error de cuatro minutos (lo que equivale a un grado de longitud), se podían producir desvíos de unos 111 kilómetros. Tras varios naufragios por errores de longitud, Inglaterra creó en 1714 el famoso Premio de la Longitud, que ofrecía una cuantiosa recompensa a quien lograra una solución práctica y fiable.

Fue el carpintero, relojero e inventor inglés John Harrison (1693-1776) quien, tras varios modelos, alcanzó el éxito con el H4, un cronómetro parecido a un reloj de bolsillo, extraordinariamente estable y preciso incluso en travesías largas. En 1761, aquel reloj demostró en un viaje a Jamaica que mantenía la hora con un error mínimo tras varias semanas de navegación, lo que permitía calcular la longitud con una precisión sin precedentes. Sin embargo, el comité inglés encargado del premio desconfiaba de que un solo ensayo fuera suficiente y, además, algunos miembros eran reacios a que un "carpintero autodidacta" superara a los astrónomos profesionales.

Harrison repitió las pruebas, mejoró sus modelos y luchó durante años contra la burocracia. Le entregaron pagos parciales, pero nunca las 20.000 libras completas del premio. Solo tras la intervención personal del rey Jorge III y el Parlamento, en 1773 (cuando Harrison ya tenía 80 años), recibió la mayor parte del dinero, aunque como subvención especial y no como premio oficial.

2.6. CÓMO CAPTURAR LA NATURALEZA DEL TIEMPO

Mucho más allá de su medición para deducir distancias, el tiempo (que es la magnitud física con la que se mide la duración o distancia entre acontecimientos) ha sido objeto de reflexión y estudio en ámbitos muy diversos: la religión, la filosofía y la ciencia. Su comprensión no solo ha estado motivada por la navegación y la astronomía, sino también por la necesidad humana de organizar la vida, comprender los ciclos naturales y buscar sentido a la existencia. Para ello, el ser humano ha inventado diversos mecanismos para medir su paso, basados en observaciones astronómicas y principios matemáticos: calendarios, relojes de sol, de agua, de arena o de péndulo, y más recientemente, relojes atómicos de extraordinaria precisión.

Como unidad convencional para medir el paso del tiempo, se usa, habitualmente, la numeración sexagesimal, empleada por los babilonios: un minuto tiene una duración de 60 segundos, y una hora tiene una duración de 60 minutos o 3.600 segundos. Pero la física moderna y la cosmología requieren unidades más pequeñas: nanosegundos, picosegundos, femtosegundos, zeptosegundos o el tiempo de Planck, que representa el intervalo más corto con significado físico según las leyes actuales.

La concepción del tiempo dio un giro radical con la teoría de la relatividad de Albert Einstein (1879-1955), según la cual el tiempo y el espacio no son entidades independientes, sino que se entrelazan formando el espacio-tiempo. Matemáticamente, esto se representa mediante coordenadas de cuatro dimensiones: tres corresponden a las posiciones en el espacio tridimensional y la cuarta al tiempo, medido como un número real. Las ideas de Einstein implican que el tiempo deja de ser absoluto y depende del observador y de su velocidad, un concepto que desafía la intuición cotidiana.

La naturaleza del tiempo sigue siendo uno de los grandes misterios de la ciencia. Como relata Stephen Hawking (1942-2018) en *Historia del tiempo* (1988), incluso hoy se siguen explorando sus límites, tratando de describir los instantes iniciales del *big bang*, descifrando su significado en la mecánica cuántica, o intentando comprender si fluye de manera lineal o si su esencia es mucho más compleja de lo imaginado. En todo ello, las matemáticas son clave para medir, interpretar y explorar el tiempo. Las herramientas del cálculo diferencial y la geometría riemanniana permiten calcular cómo se curva el espacio-tiempo alrededor de objetos masivos como planetas o agujeros negros. Los modelos matemáticos del universo permiten explorar la expansión cósmica o los primeros instantes del *big bang* mediante ecuaciones diferenciales y teorías probabilísticas que describen la evolución de partículas y energía a escalas imposibles de experimentar directamente. Y los operadores y funciones de onda describen con gran precisión el tiempo y el espacio.

2.7. MATEMÁTICAS PARA MEDIR DE FORMA UNIVERSAL

Para medir con precisión, es fundamental disponer de unidades estables y universales. Sin embargo, hasta hace muy poco, cada ciudad, y casi cada pueblo, tenía sus unidades de medida propias, lo que hacía muy complicados el comercio y la organización precisas y coherentes. Además, los objetos de referencia en los que se basaba cada sistema eran en muchas ocasiones variables: por ejemplo, para medir distancias se empleaba la longitud de un pie humano, que cambia de una persona a otra. Frente a ello, convenía tomar como referencia otro tipo de magnitudes, constantes y universales. La primera unidad concebida de manera universal fue el metro, a finales del siglo XVIII durante la Revolución francesa, definida por comisiones científicas para crear un sistema de unidades estable, uniforme y sencillo. Anteriormente, el científico inglés John Wilkins (1614-1672) había propuesto usar la longitud de un péndulo simple cuyo semiperiodo de oscilaciones pequeñas fuera igual a un segundo, pero este valor dependía de la aceleración de la gravedad y variaba ligeramente de un lugar a otro. En 1670, Gabriel Mouton (1618-1694) propuso otra unidad basada en la medida del meridiano terrestre, idea que inspiró la definición adoptada por la Asamblea Nacional francesa en 1791: el metro sería la diezmillonésima parte del cuadrante del meridiano terrestre.

La cuestión era, entonces, obtener la medida precisa de ese meridiano. La academia francesa encargó esa misión al matemático y astrónomo Jean-Baptiste Joseph Delambre (1749-1822) y al astrónomo y geólogo Pierre Méchain (1744-1804). Colaboraron, en la parte teórica, con el matemático, marino y político español Gabriel Císcar (1760-1829). Decidieron calcular la longitud del meridiano que pasa por París y, como no podían medirlo entero, lo estimaron a partir del arco que va desde la torre del Fuerte en Montjuic (Barcelona) a Dunkerque (Francia), que era el segmento más largo sobre tierra, ubicado casi totalmente dentro de territorio francés. Estados Unidos e Inglaterra consideraron esta elección arbitraria y, por ello, no aceptaron la unidad.

Para medir el arco del meridiano, usaron una técnica matemática denominada de triangulación geodésica, desarrollada en el siglo XVII por el matemático holandés Willebrord Snell (1580-1626). Consiste en recubrir el segmento que se quiere estimar con triángulos, de manera que vayan encajando adecuadamente (es decir, que se adosen por un solo lado). Los vértices de los triángulos trazados vienen dados por las cimas de las montañas situadas a lo largo del meridiano. Así, desde cada una de las cimas se medía el ángulo que se formaba con la recta que la unía con los vértices situados en las montañas cercanas (también pirámides, torres o señales de madera), mediante un instrumento llamado círculo de repetición de Borda, que permitía realizar varias veces la misma observación para reducir los errores de medición. Aplicando fórmulas de trigonometría, se obtienen los valores de suficientes lados de los triángulos, a partir de los cuales, finalmente, se consigue la longitud deseada.

DIAGRAMA DEL MÉTODO DE TRIANGULACIÓN GEODÉSICA

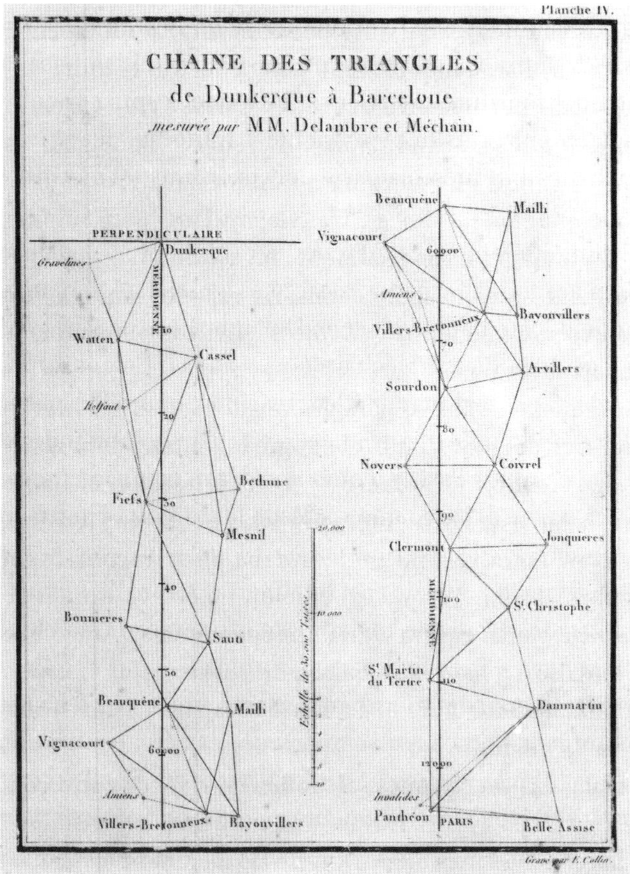

Fuente: gallica.bnf.fr / Observatoire de Paris.

La expedición fue extendida para ampliar el meridiano medido desde Barcelona hasta Formentera y, en esta segunda etapa, participó el matemático gallego José Rodríguez (1770-1824) como comisario español. Rodríguez nació en Bermés, una aldea lucense de apenas 200 habitantes, en una familia de labradores. Gracias a un tío suyo eclesiástico pudo realizar sus estudios en Monforte de Lemos y posteriormente en el colegio de San Jerónimo, en Santiago de Compostela. Aunque primero realizó Bachiller en Filosofía y más adelante, en Teología, terminó estudiando y dedicándose a las matemáticas. En 1798 fue nombrado profesor suplente de la denominada Cátedra de Matemáticas Sublimes en la Universidad de Santiago de Compostela, que impartía estudios introductorios de matemáticas para los estudiantes de Medicina. En 1800 ocupó la cátedra como titular, aunque, como no era doctor, la universidad tuvo que pedir permiso expreso al rey Carlos IV. El Claustro de Santiago defendió su candidatura, diciendo: "Rodríguez es uno de aquellos genios que de raro en raro forma la Providencia para los conocimientos sublimes". Tras viajar a París para ampliar estudios en matemáticas, especialmente en astronomía y geodesia, en 1806 fue designado como comisario español, junto a José Chaix, de la expedición científica francesa dirigida por François Arago y Jean-Baptiste Biot.

Durante aquellos trabajos para prolongar hacia el sur la gran medición del arco del meridiano, el equipo logró trazar un triángulo geodésico inédito: el número 17, con vértices en el Camp Vell de Ibiza, la Mola de Formentera y la Mola del Esclop, en Mallorca. Fue la primera vez que se levantaba un triángulo de tal magnitud sobre el mar. Pero la expedición no estuvo exenta de sobresaltos. En plena guerra de la Independencia, Arago fue detenido en Mallorca bajo la sospecha de ser un espía francés. La intervención de Rodríguez le permitió escapar de la prisión y continuar con la misión.

Terminadas las mediciones, el Gobierno francés convocó a las naciones extranjeras para formar una comisión internacional que sacara las conclusiones científicas de las medidas efectuadas. Respondieron ocho países y se formó una comisión en la que se hallaban matemáticos tan notables como Adrien-Marie Legendre (1752-1833), Pierre-Simon Laplace (1749-1827) o Joseph-Louis de Lagrange (1736-1813). Entonces, detectaron un nuevo problema: las medidas no podían deducirse mediante reglas trigonométricas del plano, porque sobre la esfera terrestre hay que considerar "triángulos esféricos" (cuyos ángulos suman más de 180°). Legendre resolvió la cuestión usando su celebrado teorema de la trigonometría esférica. Este teorema asegura que los lados de un triángulo esférico muy pequeño, en comparación con el radio de la esfera, pueden ser tratados con la misma relación que un triángulo plano. Es decir, para calcular distancias entre puntos cercanos, la geometría plana funciona como una buena aproximación.

En 1799 se hizo público el informe que incluía la medida de la longitud del metro: 1,94909 de las tradicionales toesas (la antigua medida francesa de longitud). Este documento sirvió para construir el patrón de metro, elaborado con una aleación de platino e iridio. El 10 de diciembre de 1799 Napoleón Bonaparte estableció el nuevo sistema métrico decimal, con el lema "Para todos los pueblos y para todos los tiempos". Esta medida tuvo vigencia durante años, aunque ahora el metro estándar se corresponde con otra magnitud universal: la distancia que recorre la luz en el vacío en 1/299.792.458 segundos.

2.8. LA MEDIDA DEL UNIVERSO

Quienes se dedicaban a las matemáticas, así como a otras ciencias, no se conformaron con medir el planeta Tierra, sino que también se ocuparon de determinar la distancia a la Luna, al resto de los planetas del sistema solar o al Sol. Este impulso por cuantificar y entender el cosmos (del que hablaremos con más detalle en el capítulo 6) hizo que se desarrollaran métodos para estimar la edad de nuestro planeta, la de nuestra estrella y, más tarde, para aproximar tanto la edad como el tamaño del universo. Gracias a observaciones astronómicas, a la teoría gravitatoria, a la espectroscopía y a los modelos cosmológicos, se ha podido estudiar no solo el universo observable desde la Tierra, sino también imaginar regiones que nunca podremos ver, pues la inflación cósmica las ha alejado más allá de nuestro horizonte visible debido a que la velocidad de la luz (a la que se desplazan los fotones) es una constante que no se puede superar, con un valor de aproximadamente 300.000 kilómetros por segundo. En cada uno de estos logros, las matemáticas han sido fundamentales: geometría, trigonometría, cálculo y estadística han permitido transformar las observaciones en cifras precisas y en modelos que describen la estructura y evolución del cosmos.

Hoy en día también se ha calculado el porcentaje de materia oscura (es decir, la que no interacciona con la materia ordinaria o, si lo hace, no somos capaces de detectarla) y el porcentaje de energía oscura (que se cree que es una energía de fondo, fundamental y siempre presente en el espacio). La materia oscura se deduce de los efectos gravitacionales que no pueden explicarse mediante la relatividad general, a menos que haya más materia de la que se puede observar. Por ejemplo, en la formación y evolución de las galaxias, en las lentes gravitacionales, en la estructura actual del universo observable, en el movimiento de las galaxias dentro de los cúmulos galácticos y en las anisotropías del fondo cósmico de microondas. Herramientas matemáticas como las ecuaciones diferenciales, la geometría riemanniana o la estadística avanzada permiten explicar la dinámica de galaxias y cúmulos, calcular las distorsiones de la luz y estudiar la distribución de materia invisible en el cosmos.

La humanidad también ha sido capaz, usando métodos matemáticos, de detectar hasta la fecha más de 4.000 planetas orbitando en torno a otras estrellas. A partir de pequeños efectos que producen en la luz de sus estrellas, mediante modelos matemáticos y estadísticas complejas, se puede inferir la presencia de planetas, yendo mucho más allá de la observación directa. Por ejemplo, al medir con precisión la disminución periódica de la luminosidad de una estrella, los astrónomos pueden calcular, con el denominado método del tránsito, el tamaño del planeta, su órbita y su distancia al astro. Otro método, el de la velocidad radial, utiliza el efecto Doppler para detectar la oscilación de la estrella causada por la gravedad del planeta, y las matemáticas permiten transformar esos datos en medidas precisas de masa y velocidad orbital.

La amplia identificación de exoplanetas rompe el paradigma de la singularidad del sistema solar: en cambio, parece que lo normal es la existencia de planetas orbitando en torno a la mayoría de las estrellas. El siguiente paso será encontrar vida en alguno de ellos, lo que cambiaría, otra vez, la manera de contarnos.

CAPÍTULO 3

PROFESIONALIZACIÓN DE LA INVESTIGACIÓN EN MATEMÁTICAS

En este capítulo prestaremos atención a la evolución de la profesión de las matemáticas a lo largo de la historia, especialmente a partir del siglo XVI, en Europa, que es donde se forjó la disciplina académica tal y como la conocemos hoy en día. No obstante, conviene subrayar que hubo muchas más matemáticas más allá de este continente y en otras épocas: como ya hemos visto, es una ciencia antigua, quizás la más antigua, y sus profesionales han tomado muchas formas en las diferentes civilizaciones del mundo. Por ejemplo, como ya hemos mencionado, en Babilonia y Egipto, los matemáticos eran sacerdotes-astrónomos, capaces de predecir eclipses o el inicio de las estaciones, o administradores-escribas, que usaban la contabilidad y la geometría para recaudar tributos y repartir tierras. Las matemáticas han sido a lo largo de la historia una herramienta de poder político, económico y cultural, y por tanto, en ocasiones, una ciencia iniciática. En ese sentido, los primeros pasos del asociacionismo matemático, que fue un motor esencial en el desarrollo de la profesión, pues permitió a sus miembros organizarse, compartir conocimientos, defender intereses comunes y consolidar su identidad, fueron por los derroteros del secreto.

Fue el caso de los pitagóricos, quienes desarrollaron todo un sistema de creencias basado en los números, plasmado en la

Tetraktys, una figura en forma de triángulo que representa el número diez, de gran relevancia simbólica en el pitagorismo. Fueron unos de los primeros numerólogos. Dentro de esta corriente, que ahora denominamos pseudocientífica, también se ha estudiado el valor numérico, mediante un sistema de correspondencia alfanumérico, de las letras del alfabeto. Por ejemplo, los judíos desarrollaron (dentro de la cábala) un método de interpretación de nombres, palabras y frases basado en la asignación de un número a cada carácter del alfabeto hebreo, la llamada gematría. Asimismo, una inscripción asiria del siglo VIII antes de nuestra era, encargada por Sargón II, delata una creencia similar: "El rey construyó la muralla de Khorsabad de 16.283 codos de largo para que se correspondiera con el valor numérico de su nombre". La idea del significado oculto de los números ha llegado a nuestros días, pese a que, como vimos en el capítulo anterior, gran parte de las cantidades que se interpretan de forma mágica son resultado de un sistema métrico o referencial concreto y, si se usan otros sistemas, los números cambiarían.

TETRAKTYS PITAGÓRICA

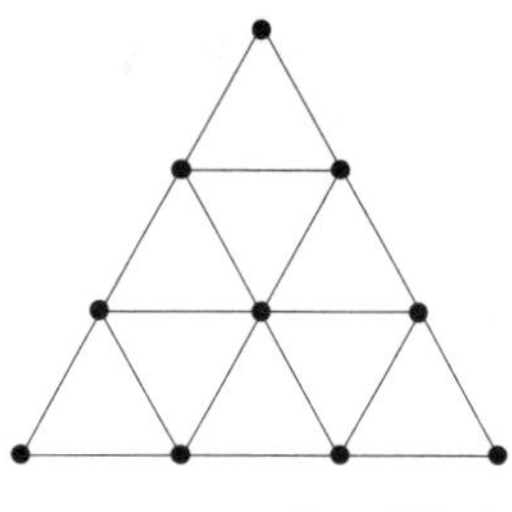

Fuente: Wikipedia.

En la Grecia clásica, el asociacionismo matemático tomó otra forma, más cercana a lo que hoy entendemos por comunidad académica, con la Academia de Platón. En los jardines de Academo, en cuyo frontispicio, según ha transmitido la tradición, había una inscripción a la entrada avisando de que "no entre aquí quien no sepa geometría", los miembros de esta escuela debatían sobre lo divino y lo humano, incluyendo temas matemáticos. Sus pensadores se asemejaban a los actuales investigadores, dedicados a plantear y resolver problemas abstractos cuya respuesta aún no era conocida.

Aunque no eran "profesionales" en el sentido moderno, pues vivían del mecenazgo o del prestigio social más que de un oficio especializado, este cambio forma parte de una larga tradición que, siglos después, enriquecida con las aportaciones matemáticas de culturas árabes e indias, se retomaría en las universidades, academias y sociedades científicas europeas, el escenario que dio origen a las prácticas y a los profesionales que sostienen la ciencia contemporánea.

Este es el modelo institucional que ha dado forma a la comunidad científica predominante hoy en todo el mundo. No es casual que así sea, ya que, en paralelo al desarrollo de la ciencia moderna, el colonialismo europeo invisibilizó o absorbió los saberes matemáticos de otros pueblos, imponiendo su propia estructura como la "norma" y moldeando lo que hoy entendemos por investigación y academia científica. Además, hasta hace poco, en estas instituciones han estado excluidas personas por su sexo, raza y origen social. Así, con algunas excepciones, la comunidad científica ha estado, durante siglos, formada por un perfil muy concreto: hombre, blanco, europeo y de clase social alta. Sin embargo, esta historia está cambiando de manera gradual y así, por ejemplo, las mujeres representan entre el 14% y el 24% de los investigadores en matemáticas, según la región y el área (con mayor presencia en matemáticas aplicadas que en matemáticas puras). En la mayor parte de las instituciones no existen barreras administrativas explícitas que impidan que ninguna persona acceda a universidades o academias por razones de género, raza o procedencia. Sin embargo, no hay duda de que se mantienen limitaciones de otro tipo que restringen el acceso real al conocimiento, ya sea por factores económicos, culturales o sociales, y que debemos trabajar activamente para eliminar, no solo para garantizar oportunidades equitativas, sino también para lograr una academia más rica, diversa y heterogénea.

3.1. PRIMERAS ACADEMIAS CIENTÍFICAS MODERNAS

Aunque muchos no lo saben, en España se fundó la Academia de Matemáticas de Madrid, pionera en Europa, en tiempos de

Felipe II (1527-1598). Su creación, por una orden real firmada en Lisboa, estaba motivada por la preocupación del monarca por el desarrollo científico y tecnológico en España. Nació en 1582, siguiendo la idea de Juan de Herrera (1530-1597) de fomentar la enseñanza de las matemáticas con vistas a sus aplicaciones prácticas. Fue constituida por los matemáticos, cosmógrafos, arquitectos e ingenieros que trabajaban para el rey. Durante su medio siglo de vida, además de enseñar matemáticas y otras disciplinas, sus miembros también se ocuparon de publicar obras originales y de traducir al castellano diversos textos científicos. En ese tiempo, las matemáticas fueron muy populares entre los miembros de la Corte.

Lamentablemente, la Real Academia de Matemáticas desapareció de forma prematura y fue sustituida por los Reales Estudios del Colegio Imperial de Madrid, también conocido como Colegio de San Isidro. Aunque con muchos menos recursos y actividad que en la academia, en el Colegio Imperial se creó la Cátedra de Matemáticas, cuyo primer titular fue el jesuita Juan Carlos de la Faille (1597-1652), seguido por otros científicos extranjeros; en 1670, la ocupó José Zaragoza (1627-1679), físico y matemático, también jesuita.

En años posteriores surgieron en Europa otras academias científicas que incluían matemáticas, algunas de las cuales se han mantenido hasta nuestros días, con un prestigio que no ha parado de crecer desde su fundación: la Royal Society en Inglaterra, la Academia de San Petersburgo en Rusia o la Academia de Ciencias de París en Francia. Estas instituciones trataban de contratar a los mejores matemáticos y científicos para unirse a sus filas, ya que acrecentaban su fama y les proporcionaban recursos intelectuales para desarrollar las aplicaciones sobre las que se basaba, en parte, el poder de sus países.

Muchas de estas academias publicaban revistas propias con los nuevos resultados científicos de sus miembros, lo que estableció una nueva manera de construir el conocimiento matemático colectivo. Los académicos revisaban, comentaban, aprobaban o rechazaban las nuevas demostraciones que recogían en sus revistas. Así, los teoremas publicados tenían el sello de validez de la academia y, por tanto, se consideraban correctos dentro de la comunidad científica. Además, eran difundidos de manera internacional, lo que permitía que un resultado obtenido en París, Berlín o Londres pudiera ser conocido en cuestión de meses por colegas de otras partes de Europa. La circulación de estas ideas aceleró el progreso matemático, pues fomentaba la discusión, la comparación de métodos y la búsqueda de nuevas soluciones a problemas abiertos.

Este modelo de validación y difusión del conocimiento por parte de las revistas académicas es el antecedente directo del actual. Hoy en día, los matemáticos y matemáticas publican sus resultados en revistas especializadas (algunas de ellas, aunque no todas, siguen siendo de sociedades o academias científicas), que emplean un sistema de revisión por pares, a través del cual expertos (anónimos) evalúan la validez, originalidad y relevancia de cada trabajo antes de su publicación. Aunque el proceso se ha modernizado y se apoya en redes internacionales y herramientas digitales, la lógica es la misma que la que se forjó en las primeras academias: un descubrimiento matemático no se considera parte del conocimiento válido hasta que ha sido examinado y aceptado por la comunidad.

Sin embargo, las revistas no eran el único canal de comunicación de las ideas matemáticas. Al mismo tiempo, se desarrollaba una intensa correspondencia epistolar entre matemáticos de distintos lugares, que complementaba y ampliaba lo que se publicaba oficialmente. Estas cartas, mucho más libres y personales, permitían compartir intuiciones, esbozos de demostraciones o simples conjeturas, y constituyeron un tejido invisible pero fundamental en el desarrollo conjunto de las matemáticas.

3.2. CUANDO LAS MATEMÁTICAS VIAJABAN EN CARTAS

Son muchas las aportaciones de matemáticos y matemáticas que conocemos a día de hoy gracias a la correspondencia epistolar que mantuvieron con sus colegas. Por ejemplo, encontramos el trabajo de Antoine Gombaud (1607-1684), más conocido por Chevalier de Méré (Caballero de Méré), el alias que adoptó pese a proceder de la pequeña nobleza provincial y a que, tras su muerte en el castillo de Beaussais, sus posesiones se reducían a un modesto mobiliario y 34 libros. De Méré, auténtico proveedor de problemas epistolares, era un apasionado jugador de dados y cartas, y buscaba siempre la manera de mejorar sus previsiones. Su conocimiento empírico de las probabilidades le otorgaba cierta ventaja en sus apuestas de salón, pero la contradicción que aparecía entre sus cálculos teóricos y la práctica le inquietaba. Fruto de este descontento, comenzó una correspondencia epistolar con Blaise Pascal (1623-1662), que influiría en el nacimiento de la teoría de probabilidades (de la que hablaremos en el capítulo 7).

En concreto, planteó a Pascal dos interesantes problemas. En el primero de ellos se preguntaba: "¿Cuántas veces hay que lanzar dos dados para que sea favorable apostar que saldrá al menos un doble seis?". El segundo problema que le propuso era más complejo y ya lo habían tratado cien años antes Luca Pacioli (1445-1517) y Gerolamo Cardano (1501-1576). Se trataba de la siguiente cuestión: "Si dos jugadores deciden interrumpir el juego antes del final convenido previamente, ¿cómo deberían repartirse las cantidades apostadas, según el progreso de la partida, para que dicho reparto sea justo?". Pascal compartió, también por carta, estos dos temas con Pierre de Fermat (1601-1665) y entre los dos fueron capaces de resolverlos; de hecho, esta correspondencia fue la que reveló a Pascal el talento del matemático aficionado Fermat, notario de profesión.

El género epistolar fue también un cauce para que las mujeres de la época, que tenían vetado el estudio superior de las matemáticas, pudieran desarrollar su pasión. Un ejemplo paradigmático y muy conocido fue la matemática y física francesa Sophie Germain (1776-1831). Cuando Germain tenía 18 años, en 1794, la Escuela Politécnica de París, que no admitía mujeres, permitió a sus estudiantes seguir los cursos por los apuntes de clase. Así, Germain se inscribió con un nombre de hombre: Antoine-August Le Blanc. Los alumnos también podían enviar observaciones a sus profesores, entre los que se encontraba Joseph Louis Lagrange (1736-1813), quien no tardó en recibir los comentarios de *monsieur* Le Blanc. A través de las misivas, Lagrange identificó el talento de su alumno y le instó a reunirse con él. En persona, descubrió su identidad, pero, pese a la sorpresa inicial, decidió seguir apoyándola, ignorando las barreras de la escuela.

Germain mantuvo una correspondencia activa con otros matemáticos de mucho renombre del momento, como Adrien-Marie Legendre (1752-1833) o Carl Friedrich Gauss (1777-1855). Con este último entabló una correspondencia regular, de nuevo, usando el seudónimo de M. LeBlanc, que empezó en 1804 y se extendió hasta más allá de 1815. Gauss contestaba con retraso y en muchos casos no lo hacía, lo que interrumpía la correspondencia por años. Principalmente, compartían resultados y reflexiones sobre teoría de números. A Germain le interesaba especialmente el teorema de Fermat, del que hablamos en el capítulo 1, que afirma que no existen números enteros positivos x, y, z para los cuales la ecuación $x^n + y^n = z^n$ tenga solución si el exponente n es mayor que 2. Germain resolvió un caso particular del teorema, que después fue conocido como teorema de Germain. Para entonces, Gauss ya conocía su verdadera identidad. La descubrió poco después de la invasión napoleónica de 1807 de la ciudad de Braunschweig, en la que residía. Germain intercedió para ayudarle, por medio de un amigo de su familia, el general Pernety. Al cabo de tres meses, Gauss descubrió que su salvadora era, en realidad, uno de sus colegas postales:

> Pero cómo describir mi admiración y asombro al ver que mi estimado corresponsal Sr. Le Blanc se metamorfosea [...] cuando una persona del sexo que, según nuestras costumbres y prejuicios, debe encontrar muchísimas más dificultades que los hombres para familiarizarse con estos espinosos estudios y, sin embargo, tiene éxito al sortear los obstáculos y penetrar en las zonas más oscuras de ellos, entonces sin duda esa persona debe tener el valor más noble, el talento más extraordinario y un genio superior.

3.3. MATEMÁTICAS, PIONERAS EN LA COOPERACIÓN INTERNACIONAL

La facilidad de las ideas matemáticas para saltar de un lugar a otro (a fin de cuentas, y con ciertos matices, emplean en gran parte un lenguaje común, capaz para trascender las barreras de lenguas y naciones) dio pie, rápidamente, a una cooperación internacional que no tiene parangón en otras ciencias. Por ejemplo, la revista *Jahrbuch über die Fortschritte der Mathematik*, fundada en Alemania en 1871, contó con reseñadores de varios países desde su segundo número, lo que era algo inédito en aquella época.

Posiblemente, el primer gran esfuerzo de internacionalización de las matemáticas fue el Répertoire Bibliographique des Sciences Mathématiques, creado en 1885 en Francia. Se trataba de una empresa monumental: un índice bibliográfico internacional, pensado para que cualquier matemático pudiera saber qué se estaba publicando, en qué país y en qué lengua, impulsado por la Sociedad Matemática de Francia y financiado, en parte, por el Gobierno francés. Su objetivo era catalogar de manera sistemática toda la producción matemática mundial, incluyendo artículos, libros y memorias publicadas desde comienzos del siglo XIX. El catálogo llegó a reunir decenas de miles de referencias, organizadas por temas, y fue uno de los primeros intentos serios de ofrecer a la comunidad matemática un mapa completo del conocimiento de su tiempo. Para lograrlo, se necesitó la colaboración de expertos de distintos países, que aportaban reseñas y mantenían actualizado el repertorio. Hoy en día, hay dos repositorios similares que los matemáticos usan profusamente: MathSciNet y Zentralblatt für Mathematik, en los que aparecen reseñas de todos los libros y artículos de investigación sobre matemáticas de todo el mundo.

Poco después, en Alemania, Georg Cantor (del que hablamos en el capítulo anterior) fue uno de los impulsores del que se convertiría en el mayor encuentro de las matemáticas, que se sigue celebrando en nuestros días: el Congreso Internacional de Matemáticos (ICM). Cuando en 1890 Cantor se convirtió en el primer presidente de la Deutsche Mathematiker-Vereinigung (la sociedad matemática alemana), uno de sus principales proyectos fue precisamente la organización de un congreso internacional de este tipo. Transmitió sus ideas a varios matemáticos como Charles Hermite (1822-1901), Henri Poincaré (1854-1912), Ennemond Camille Jordan (1838-1922) o Walther von Dyck (1856-1934). Este último escribió en una carta a Felix Klein (1849-1925): "G. Cantor me escribió recientemente sobre sus planes concernientes a un congreso internacional de matemáticos. Realmente no sé si esto es una necesidad".

Sin embargo, Klein, a pesar de no hacer muy buenas migas con Cantor, coincidía con sus ideas de cooperación. Unos años más tarde, en el Congreso de Matemáticas y Astronomía de Chicago en 1893, Klein impartió un discurso titulado "El estado actual de las matemáticas", en el que exponía:

> Los famosos investigadores de la primera parte del siglo XIX, Lagrange, Laplace, Gauss, fueron capaces de abarcar todas las ramas de las matemáticas y sus aplicaciones. Con la siguiente generación, sin embargo, se manifestó la tendencia a la especialización. Así, la ciencia en desarrollo se ha ido apartando más y más de sus fines originales, sacrificando su inicial unidad y dividiéndose en diversas ramas.

Tras referirse después a los beneficios de las sociedades matemáticas existentes, concluyó su intervención de la siguiente manera: "Los matemáticos deben ir más lejos. Deben formar uniones internacionales y confío en que este Congreso Mundial de Chicago será un paso en esta dirección". Su llamamiento fue una adaptación del que lanzaron Marx y Engels en el *Manifiesto comunista*: "Matemáticos del mundo entero, ¡uníos!". En un contexto en el que las alianzas de las grandes potencias iban configurando el primer gran enfrentamiento de la Gran Guerra de 1914, los más idealistas propugnaban la unión de los seres humanos en todos los ámbitos de la vida.

Un año después del congreso de Chicago, en Francia, Charles-Angel Laisant (1841-1920) y Émile Michel Hyacinthe Lemoine (1840-1912) tomaron las ideas de Cantor, que cada vez estaban más desarrolladas, y de Klein, y redactaron un manifiesto en el primer volumen de la revista *L'Intermédiaire des Mathématiciens*, en el que abogaban por sustituir el esfuerzo individual por el colectivo. Sumando todas estas acciones, en 1897 se celebró, finalmente, el primer Congreso Internacional de Matemáticos en Zúrich. Allí se establecieron los objetivos de los sucesivos encuentros: promover las relaciones personales entre los matemáticos de diferentes países, elaborar revisiones sobre áreas actuales de investigación matemática, tratar de temas como la terminología o la bibliografía, que requerían cooperación internacional, y aconsejar a los organizadores del siguiente congreso.

A partir de entonces, los congresos internacionales de matemáticos se celebraron cada cuatro años: en París (1900), Heidelberg (1904), Roma (1908) (en el que se decidió crear un Comité Central para debatir los problemas de la educación matemática, del que hablaremos en el próximo capítulo) y Cambridge (1912). El congreso de 1916, que iba a tener lugar en Estocolmo, se canceló a causa de la Primera Guerra Mundial. En 1920 se retomó la actividad en Estrasburgo, reuniendo a una comunidad internacional todavía muy tocada por la guerra. Pese a ello, hasta 1936 los ICM mantuvieron su cita cada cuatro años. La Segunda Guerra Mundial volvió a impedir su celebración hasta 1950 y, desde entonces, se han sucedido, rigurosamente, hasta nuestros días.

A lo largo de su andadura, el ICM se ha convertido en el congreso más importante y prestigioso de la disciplina. Su importancia radica no solo en la difusión científica, sino también en la consolidación de la comunidad matemática global: se trata de un foro en el que investigadores de distintos países comparten experiencias, proyectos y resultados. Una de las tradiciones más destacadas de los ICM es la entrega de premios y medallas, que reconocen los logros más significativos en matemáticas. La más célebre, la Medalla Fields, que se considera el Nobel de las matemáticas, se otorga, desde 1936, a matemáticos jóvenes (menores de 40 años) que han realizado contribuciones sobresalientes. Además de este, en los ICM también se entregan otros premios, como el Premio Abacus (a contribuciones matemáticas relevantes con aplicaciones significativas fuera de las matemáticas) o los Premios Gauss (a logros destacados en matemáticas puras).

3.4. EL PESO DE LAS ACADEMIAS EN LA VIDA MATEMÁTICA

Antes de que las uniones internacionales repartieran premios, las academias científicas eran las encargadas de hacerlo, determinando con ello la relevancia de los matemáticos y de sus resultados. Estos galardones tenían un enorme impacto en el prestigio y en las posibilidades profesionales de la persona distinguida, pues podían abrir las puertas a cargos académicos, patrocinios o nuevas investigaciones. Sin embargo, no siempre fueron justos: en ocasiones, los premios reflejaban más las preferencias, rivalidades o sesgos internos que el verdadero valor matemático de los trabajos. Y, como sucede con muchas instituciones, las academias no estuvieron exentas de inercia estructural, es decir, de una cierta resistencia intrínseca a cambiar y a adaptarse a nuevas circunstancias; a veces, se aferraron a tradiciones y rechazaron ideas nuevas que hoy consideramos fundamentales.

Fue el caso del joven Évariste Galois (1811-1832), cuyo revolucionario trabajo no solo dio respuesta a una pregunta de siglos de antigüedad sobre las ecuaciones polinómicas, sino que originó una nueva rama de las matemáticas, denominada teoría de grupos, y estuvo a punto de caer en el olvido: Galois había enviado sus resultados a la Academia francesa, pero Augustin Louis Cauchy (1789-1857), el gran "dominador" de la institución, los perdió, en el mejor de los casos, o los ignoró. Su legado científico sobrevivió gracias a las cartas que el joven Galois escribió a un amigo la noche antes del fatídico duelo por el que perdería la vida, con poco más de 20 años.

Otro vergonzoso episodio fue la disputa entre Isaac Newton (1643-1727) y Gottfried Wilhelm Leibniz (1646-1716) a raíz de la autoría del cálculo diferencial (del que hablaremos más adelante). Ambos habían llegado, de manera independiente, a desarrollar herramientas matemáticas equivalentes para estudiar el cambio y las variaciones infinitesimales, pero cada uno con notaciones y enfoques distintos. Pronto surgió la acusación mutua de plagio y la disputa se transformó en una guerra académica. Newton, como presidente de la Royal Society, utilizó su influencia para favorecer la versión británica de los hechos y desacreditar a Leibniz, lo que dañó gravemente la reputación del alemán. Las consecuencias fueron amplias y duraderas: la comunidad británica se aferró durante décadas a la notación newtoniana, más complicada, mientras que la Europa continental adoptó la notación de Leibniz, más clara y versátil. Esta división provocó un aislamiento de las matemáticas de Inglaterra, retrasando su desarrollo en comparación con las escuelas de Francia y Alemania.

Por otro lado, como ya hemos mencionado en el comienzo del capítulo, las mujeres tuvieron restringido, cuando no abiertamente vetado, el acceso a estas instituciones hasta fechas recientes. La primera matemática que entró en la Academia de Ciencias de Francia fue Yvonne Choquet-Bruhat (1923-2025), en 1979. Kathleen Lonsdale (1903-1971) lo hizo unas décadas antes en la Royal Society, en 1945. En España, la primera académica electa en matemáticas en la Real Academia de Ciencias es Pilar Bayer (1946-), en 2004.

Pero, pese a estas (y otras) manchas en su historia, las academias ofrecieron el apoyo indispensable para que algunas personas pudieran dedicar su vida a las matemáticas. Entre ellos, Leonhard Euler (1707-1783), probablemente el matemático más prolífico de la historia. Euler fue contratado por la Academia de Ciencias de San Petersburgo por recomendación de Daniel Bernoulli (1700-1782) para sustituir a su fallecido hermano Nicolás. La Academia había sido fundada por el monarca Pedro I el Grande y continuada por su esposa Catalina I de Rusia, quien casualmente falleció el mismo día de la llegada de Euler. Su sucesor fue Pedro II, un niño de 12 años de edad, manejado por la nobleza. Bajo su mandato, la Academia sufrió un descenso en su financiación, lo que condujo a la renuncia, en 1733, de Daniel Bernoulli, harto de las dificultades. Euler quedó al mando, pero por poco tiempo; también cansado de la situación política, aceptó un puesto que le había ofrecido Federico II de Prusia en la Academia de Ciencias de Berlín. Allí pronto se dio cuenta de que Federico II era más proclive a las artes y a la filosofía que a la ciencia. Uno de los proyectos que encomendó a Euler tenía que ver con la construcción de una fuente en el palacio de Sanssouci en Potsdam, su residencia veraniega. Quería que contase con un gran chorro de agua central, lo que suponía un gran desafío para la ingeniería de la época. Ante los continuados fracasos de sus ingenieros y constructores, encargó a Euler que hiciera los cálculos para diseñar la salida de agua. Euler asumió el reto y realizó un profundo estudio, con herramientas de análisis matemático y ecuaciones diferenciales. Concluyó que eran necesarias tuberías de metal, y no de madera, para realizar el proyecto: solo así podrían aguantar la presión del agua. El emperador quedó muy descontento con sus recomendaciones. Escribió:

> Yo quería tener un chorro de agua en mi jardín: Euler calculó la fuerza necesaria de las ruedas para elevar el agua a un depósito, desde donde debería volver a caer a través de los canales, finalmente a chorros en Sanssouci. Mi molino se llevó a cabo geométricamente y no podía levantar una bocanada de agua a menos de cincuenta pasos del depósito. ¡Vanidad de vanidades! ¡La vanidad de la geometría!

Este y otros episodios como, por ejemplo, el mote puesto al matemático por el emperador, Cíclope, por sus problemas visuales, indican que no existía una relación muy cariñosa entre ellos. Así, tras 25 años sirviendo en Berlín, el Cíclope decidió que ya había aguantado suficiente y en 1766 aceptó la nueva invitación de Catalina la Grande para volver a San Petersburgo, donde trabajó hasta su fallecimiento en 1783.

3.5. DE LAS ACADEMIAS A LAS SOCIEDADES MATEMÁTICAS

Con solo unas pocas academias en todo el mundo, a principios de 1800 la comunidad científica era muy reducida. Pero la Revolución francesa, a continuación, las guerras napoleónicas y después la Revolución Industrial causaron un cambio social sin precedentes, que también modificó la naturaleza de la profesión matemática. Por una parte, la prosperidad económica y las ideas ilustradas hicieron que la educación fuera más generalizada, lo que requería más maestros y maestras (en particular, de matemáticas). Por otro lado, la investigación comenzó a ser algo tan importante como la docencia en las universidades. Además, se creó una clase media que se interesaba por los avances científicos y los desarrollos tecnológicos. Como consecuencia de todo ello, aumentó el número de científicos y matemáticos, y se comenzaron a asociar en las denominadas sociedades científicas, que tenían una finalidad mucho más profesional que las academias de ciencias existentes. Desde mediados del siglo XIX, se crearon, por ejemplo, la Sociedad Matemática de Moscú (en 1864), la London Mathematical Society (en 1865), la Société Mathématique de France (en 1872), el Circolo Matematico di Palermo (en 1884), la New York Mathematical Society (en 1888, convertida en la American Mathematical Society en 1894), la Deutsche Mathematiker-Vereinigung (en 1890) y la Sociedad Matemática Española (en 1911, Real desde 1929).

Estas sociedades científicas representaban un paso más allá de las academias ilustradas. Además de también editar revistas especializadas donde se difundían los nuevos resultados, ofrecían un espacio de encuentro regular en el que los matemáticos podían debatir, colaborar y organizar proyectos conjuntos. Frente a la relativa rigidez de las academias, las sociedades se caracterizaban por una estructura más abierta y dinámica, que facilitaba la integración de jóvenes investigadores y el intercambio internacional de ideas.

Las sociedades organizaban congresos y creaban redes de apoyo que permitían la movilidad académica y el acceso a recursos. De este modo, los matemáticos dejaron de depender exclusivamente de mecenas, o de cargos eclesiásticos, y pudieron acceder a una comunidad profesional con normas y oportunidades compartidas. Esta nueva forma de organización sentó las bases de la investigación matemática moderna y contribuyó decisivamente a su expansión global en el siglo XX.

Un ejemplo notable es el de Sofia Kovalevskaya (1850-1891), la primera mujer profesora de matemáticas en una universidad europea. Gracias a su tesón y al apoyo de Gösta Mittag-Leffler (1846-1927), ocupó una plaza en la Universidad de Estocolmo, a pesar de todos los obstáculos que encontró a lo largo de su carrera por ser mujer. Por ejemplo, para poder estudiar en la universidad y realizar su tesis, tuvo que contraer matrimonio de conveniencia con un colega del movimiento nihilista, del que también ella formaba parte, y así poder trasladarse a Alemania, pues en Rusia las mujeres no eran admitidas en las universidades. En Heidelberg le permitieron asistir como oyente y en Gotinga pudo obtener un título de doctorado, bajo la dirección de Karl Weierstrass, tras superar diversas trabas burocráticas. Cuando regresó a Rusia, seguía sin poder aspirar a un puesto académico ni a reconocimiento oficial dentro del país, pero pudo mantener el contacto con la comunidad investigadora gracias a los eventos y conferencias de la Sociedad Matemática de Moscú. Su investigación en el campo de las ecuaciones diferenciales parciales y la mecánica fue reconocida con uno de los premios más prestigiosos: el Premio Bordin de la Academia de Ciencias de París. El jurado reconoció el trabajo como "un descubrimiento de primer orden".

3.6. LAS MATEMÁTICAS EN LAS PRIMERAS UNIVERSIDADES

Antes de que se consolidasen las sociedades y las academias, la mayor parte de la vida científica transcurría en las universidades. Las primeras universidades de Europa surgieron a partir de escuelas mantenidas por la Iglesia cristiana con el fin de formar sacerdotes. La dependencia de las universidades de la Iglesia ha continuado durante siglos, hasta que poco a poco, gran parte de las universidades han ido perdiendo ese carácter, convirtiéndose en instituciones seculares.

Existe un amplio debate sobre cuál fue la primera universidad de Europa y la respuesta depende mucho de las características que se establezcan que ha de cumplir un centro formativo para ser considerado como universidad, pero para muchas personas la Universidad de Bolonia, fundada en 1088 en Italia, ocupa este puesto. Desde su origen, fue una institución que otorgaba títulos superiores, tanto seculares como religiosos, y cuya enseñanza se impartía por seglares o por clérigos. Utilizaba en su denominación la palabra Universitas (que se acuñó en el momento de su fundación) y era relativamente independiente de las escuelas eclesiásticas.

Cinco siglos antes, en España, Isidoro de Sevilla (hacia 556-636), arzobispo de dicha ciudad durante más de tres décadas (desde 599 hasta 636), tuvo un importante papel en la organización de los estudios de filosofía, que sentarían las primeras bases de los estudios universitarios. Clasificó las materias que formaban parte de las siete artes liberales en la Edad Media en dos conjuntos: el *trivium*, que se centraba en el lenguaje y la lógica, y el *quadrivium*, enfocado en las matemáticas y la música. El *trivium* incluía la gramática, es decir, el estudio de la lengua y su correcta utilización; la dialéctica (o lógica), el arte del razonamiento y la argumentación, y la retórica, el arte de hablar y escribir persuasivamente. Por su parte, el *quadrivium* englobaba la aritmética, estudio de los números y sus relaciones; la geometría, estudio de las formas y el espacio; la astronomía, estudio de los cuerpos celestes y sus movimientos, y la música, estudio de la armonía y las relaciones numéricas en el sonido.

Sin embargo, el país no tuvo su primera universidad hasta 1212, con la instauración de los Studium Generale de Palencia, que fueron reconocidos oficialmente por el rey Alfonso VIII de Castilla. Unos años después, en 1218, Alfonso IX de León creó las Scholas Salamanticae, germen de la actual universidad, con el fin de tener estudios superiores en su reino, que se convertirían en uno de los grandes centros intelectuales de Europa en el siglo XVI. En ese periodo, Salamanca vivía un ambiente de gran efervescencia intelectual y las matemáticas eran uno de sus pilares. El interés por las matemáticas alcanzó incluso a los teólogos. Muchos de ellos se adentraron en la disciplina buscando argumentos sólidos para combatir la llamada astrología judiciaria, una práctica muy extendida en la época que pretendía predecir el destino de las personas a partir de la posición de los astros. Los teólogos salmantinos, al intentar demostrar la falsedad de estas creencias, se vieron obligados a profundizar en la astronomía y en las matemáticas, buscando un conocimiento riguroso de los cielos con el que podrían refutar la superstición. Sin embargo, esta lucha acabó teniendo efectos inesperados. Uno de sus perjudicados fue Fray Luis de León (1527 o 1528-1591), uno de los grandes humanistas de Salamanca. Al intentar mostrar la inutilidad y el carácter engañoso de la astrología judiciaria, acabó siendo acusado de practicarla. El resultado fue amargo: fue procesado por la Inquisición, lo que marcó profundamente su vida académica y personal.

Los matemáticos de Salamanca también tuvieron un papel crucial en la reforma del calendario. En los siglos XV y XVI, los astrónomos habían detectado un error cada vez mayor en el calendario juliano, implantado en tiempos de Julio César. Este no coincidía con exactitud con el año solar real, había un desfase de unos minutos por año, lo que provocaba, con el tiempo, que la fecha de la Pascua y otras festividades religiosas se fueran desplazando con respecto a las estaciones. Así que, en 1515 y de nuevo en 1578, la institución elaboró informes oficiales en los que se proponían posibles reformas para corregir el calendario. Estos trabajos, aunque poco conocidos, fueron un eslabón en la cadena de esfuerzos internacionales que hicieron posible ajustar el calendario a la realidad astronómica en 1582, cuando el papa Gregorio XIII puso en marcha la reforma gregoriana del calendario. Para ello se suprimieron diez días (del 4 al 15 de octubre de 1582) y se introdujo una nueva regla de los bisiestos: los años divisibles entre cuatro tendrían un día más (el 29 de febrero), excepto los divisibles entre 100, que mantendrían la duración habitual, salvo que también lo fueran entre 400, que también contarían con un día añadido. Por ejemplo, el año 2000 fue bisiesto (pues es divisible por 400), el año 1900 no, porque es divisible por 100 y no por 400, el 2024 sí lo fue, porque es divisible por 4 pero no por 100, y 2025 no lo fue, por no ser divisible por 4. Con este ajuste, que llega hasta nuestros días, el calendario resulta mucho más preciso y el equinoccio de primavera volvió a fijarse en el 21 de marzo, asegurando el cálculo correcto de la Pascua.

Más allá de la astronomía, parte de los matemáticos de Salamanca estudiaron y difundieron el trabajo de los llamados calculadores de Merton, un grupo de filósofos y matemáticos de la

Universidad de Oxford, activos en el siglo XIV, dedicados a reflexionar sobre cómo medir, matemáticamente, el movimiento y el cambio de las magnitudes variables, muchos años antes de que Newton y Leibniz idearan el cálculo diferencial. Estas nuevas corrientes fueron rechazadas por la tradición intelectual dominante, basada en la obra de Aristóteles, que entendía el movimiento y la naturaleza desde una perspectiva más cualitativa y filosófica. Con el paso de las décadas, la resistencia de la enseñanza aristotélica y la falta de adaptación a los avances que ya triunfaban en otras partes de Europa hicieron que las matemáticas perdieran vigor en Salamanca. Así, en el siglo XVII, la universidad entró en un periodo de decadencia científica.

En los siguientes siglos, las matemáticas siguieron su andadura en la institución, con mejor o peor fortuna. Hubo momentos en los que incluso estuvieron a punto de desaparecer. Cuando Diego de Torres Villarroel (1694-1770), conocido como el Gran Piscator de Salamanca, ocupó la Cátedra de Matemáticas de la Universidad, llevaba 30 años desierta. Se presentó a la oposición para ocuparla, con un único rival como contrincante. La prueba se celebró en la afamada plaza de Salamanca, abarrotada de gente que después festejó en honor al nuevo catedrático. Villarroel comenta en su autobiografía *Vida, ascendencia, nacimiento...* (1743) que, aun habiendo superado el examen, sus conocimientos matemáticos eran mínimos.

CAPÍTULO 4

MATEMÁTICAS PARA FORMAR ADIESTRADORES DE DRAGONES

Matemáticas es una palabra de etimología griega, *μαθηματικά* (*mathēmatiká*), que es el plural de *μαθηματικόν* (*mathēmatikón*), que significa 'relativo al aprendizaje' o 'relativo a lo que se aprende'. Más allá de ser un amplio y heterogéneo cuerpo de contenidos, la disciplina es la base para la formación del pensamiento lógico, la resolución de problemas y la capacidad de razonar con rigor, competencias transversales que deben adquirir todas las personas para desarrollarse plenamente en nuestra sociedad. Por ello, esta cara de las matemáticas, su papel en la formación de todos y todas, es tan crucial.

Enseñar matemáticas ha sido siempre una de las principales ocupaciones de las personas que realizaban estudios superiores en esta disciplina, como refleja la anécdota de René Thom y los cazadores de dragones que incluimos en la introducción del libro. La labor de millones de maestros y maestras, muchos de ellos anónimos, fue y sigue siendo fundamental para sostener y transmitir el conocimiento matemático a nuevas generaciones.

El libro *Elementos* de Euclides (que mencionamos en el primer capítulo) fue ideado, precisamente, como un manual pedagógico para la enseñanza. Y durante más de dos milenios fue el libro de texto por excelencia en todo el mundo. En Grecia, muchos de los pensadores-matemáticos se dedicaban a la formación. Entre ellos, pese a que las mujeres tenían restringido el acceso al saber, estaba Hipatia de Alejandría (siglos IV-V d. C.), que impartió clases de filosofía y matemáticas a estudiantes de todo el Mediterráneo.

Gran parte de la tarea de todos los profesionales de las instituciones matemáticas a las que dedicamos el capítulo anterior (academias, sociedades y universidades) era la enseñanza de futuros matemáticos, ingenieros o cartógrafos. E incluso en los márgenes de estas organizaciones hubo personas, como María Gaetana Agnesi (1718-1799), que se dedicaron a la enseñanza de las matemáticas y reflexionaron sobre ello. Agnesi redactó un manual de más de mil páginas, *Instituzioni analitiche ad uso della gioventù italiana*, pensado expresamente para enseñar cálculo y álgebra a jóvenes estudiantes. De hecho, en los siglos XVIII y XIX, la docencia primaria se convirtió en la primera profesión pública abierta a las mujeres en muchos países europeos. En Francia, la Ley Guizot (1833) y después la Ley Falloux (1850) establecieron la obligatoriedad de escuelas de niñas, y con ello se impulsó la figura de las maestras, formadas en las Écoles Normales Féminines (cuya primera sede se inauguró en 1836 en Versalles). En España, la primera Escuela Normal de Maestras se fundó en 1858 en Madrid y poco a poco estas se extendieron por todo el país.

Un siglo antes, María Andresa Casamayor (1720-1780), cuya figura ha sido recuperada gracias a la labor de Pedro J. Miana y Julio Bernés, profesores e investigadores del Instituto Universitario de Matemáticas y Aplicaciones (IUMA) de la Universidad de Zaragoza, fue una de estas primeras maestras en España. Casamayor nació en Zaragoza, en una familia acomodada de comerciantes. Con tan solo 17 años escribió su obra principal: *Tyrocinio arithmetico. Instruccion de las quatro reglas llanas*, publicada en 1737. La palabra "tyrocinio" (del latín *tirocinium*) significa 'aprendizaje' o 'formación' y, como el título indica, se trata de un tratado introductorio a las cuatro reglas de la aritmética, con numerosos ejemplos que permiten su estudio y práctica. Su amigo y colaborador Pedro Martínez afirmó sobre el tratado: "Su fin en esta obrilla solo es facilitar esta instrucción a muchos, que no pueden lograrla de otro modo".

En la autoría del libro (que se reeditó en 2020) aparece un seudónimo masculino, Casandro Mamés de La Marca y Araioa, que es un anagrama del nombre completo de María Andresa Casamayor de La Coma. La verdadera identidad de la autora del libro fue descubierta por Miana y Bernés. Según sus investigaciones, Casamayor pudo sacar adelante a su familia gracias a su trabajo como maestra de niñas, pues, pese a sus orígenes acomodados, una serie de desgracias hizo que la familia perdiera todo su poder adquisitivo. Primero murió su padre, en 1738, y, un año y medio después, su protector, Pedro Martínez. El negocio familiar se fue a la quiebra por la mala gestión del heredero familiar del mismo y, en 1748, la familia se quedó sin recursos. Casamayor pudo contar con la autorización necesaria en aquella época para dar clases a niños, por lo que recibía un salario y una vivienda gratuita. En paralelo a las clases, escribió un segundo tratado, *El para sí solo*, sobre aritmética, que desgraciadamente no se conserva.

La educación primaria fue una excepción en cuanto a la inclusividad de las mujeres entre sus docentes; en la enseñanza secundaria y universitaria solo se les permitió incorporarse como profesoras a finales del siglo XIX y primeras décadas del XX. A partir de aquellas fechas, y hasta bien entrado el siglo XX, la enseñanza secundaria se convirtió en la salida más habitual para los egresados de Matemáticas (hombres o mujeres). Hasta tiempos muy recientes, las oportunidades para dedicarse a la investigación eran muy escasas y estaban reservadas casi en exclusiva a quienes obtenían un puesto excepcional en universidades o academias. Por ello, el profesorado de secundaria se convirtió en el núcleo central de la comunidad matemática, con un papel fundamental en la transmisión del conocimiento, la formación de nuevas generaciones y, en no pocos casos, en la producción y divulgación de investigaciones originales.

Una rama importante dentro de esta labor investigadora se ocupa de la didáctica en matemáticas, que se centra en estudiar cómo se enseña y se aprende la disciplina, buscando mejorar la comprensión, la motivación y la eficacia del aprendizaje. Uno de sus grandes impulsores fue Felix Klein, quien, en 1893, ocupó una cátedra pionera en la Universidad de Gotinga de educación y enseñanza de la matemática. Esta cátedra estaba orientada a la investigación y mejora de la enseñanza de las matemáticas, no solo a la docencia de estudiantes universitarios, sino también a la formación de profesores de secundaria. Como recopilatorio de sus reflexiones en este campo, Klein escribió la obra fundamental *Matemáticas elementales desde el punto de vista superior*, que se convirtió en el referente para cualquier aspirante al magisterio.

Klein fue también el primer presidente de la Comisión Internacional de Instrucción Matemática (ICMI), fundada en 1908 en el Congreso Internacional de Matemáticos en Roma. Hoy en día, cada cuatro años, la ICMI concede uno de los premios internacionales más relevantes en educación matemática, que lleva precisamente el nombre de Felix Klein. El otro gran premio en educación matemática lleva el nombre de Hans Freudenthal, quien revolucionó la manera en la que vemos la educación en esta disciplina. Freudenthal sostenía que las matemáticas no eran solo un conjunto de reglas o fórmulas, sino una herramienta para que los estudiantes aprendieran a observar y razonar sobre el mundo de manera científica. Para lograrlo, proponía "matematizar" situaciones reales, es decir, traducir problemas cotidianos o fenómenos del entorno a un lenguaje y razonamiento matemático, siempre dentro de un contexto significativo que conectara con la experiencia de los alumnos y les permitiera comprender el valor de las matemáticas en la vida real.

4.1. HACIA UNA EDUCACIÓN STEM

Este enfoque educativo está presente en la última de las leyes educativas de nuestro país, la LOMLOE, donde se refuerza la importancia de la "competencia matemática y competencia en ciencia, tecnología e ingeniería (STEM)", la cual se define como aquella que "entraña la comprensión del mundo utilizando los métodos científicos, el pensamiento y representación matemáticos, la tecnología y los métodos de la ingeniería para transformar el entorno de forma comprometida, responsable y sostenible". La competencia matemática, según este texto, "permite desarrollar y aplicar la perspectiva y el razonamiento matemáticos con el fin de resolver diversos problemas en diferentes contextos".

Este enfoque promueve, además, integrar y desarrollar materias científico-técnicas en un único marco interdisciplinar, con un enfoque didáctico que garantice la transversalidad del proceso de enseñanza-aprendizaje mediante ciencia, tecnología, ingeniería y matemáticas. Las bases de esta corriente educativa (denominada educación STEM) fueron sentadas por el matemático Seymour Papert (1928-2016) en los años 1980. Papert, discípulo de Piaget, defendía que los niños y las niñas aprenden más y mejor cuando construyen activamente su propio conocimiento, en lugar de limitarse a recibirlo de forma pasiva. Con esta perspectiva creó el lenguaje de programación Logo, pensado para que pudieran codificar órdenes sencillas y visualizar el resultado de sus instrucciones. De esta manera, los estudiantes aprendían a programar, desarrollando habilidades de lógica y de resolución de problemas. Papert, en colaboración con la empresa Lego, integró este código en uno de los primeros juguetes educacionales que incorporaba programación y robótica: el Lego-Logo. Con él, los niños y niñas podían construir máquinas con piezas de Lego y luego programar sus movimientos mediante Logo. Papert mostró que las matemáticas no tenían por qué aprenderse de manera abstracta y descontextualizada, sino que podían integrarse en experiencias prácticas, significativas y cercanas a los intereses de los estudiantes. Así, fue una de las personas encargadas de abrir el camino hacia una concepción de la enseñanza de las matemáticas y la ciencia mucho más dinámica, práctica e interdisciplinar, que es precisamente el espíritu de la educación STEM.

El acrónimo en sí lo acuñó en 1990 la National Science Foundation (NSF) de Estados Unidos; originalmente, era SMET, pero rápidamente fue cambiado a STEM, mucho más atractivo. Su popularidad se disparó en 2005, cuando la Universidad de Virginia Tech (Estados Unidos) lanzó un programa STEM, que permea incluso en el eslogan de la universidad: "En Virginia Tech, estamos reinventando el modo en que se entrecruzan la educación y la tecnología. Este enfoque transforma la manera en que enseñamos y aprendemos, investigamos y nos relacionamos con comunidades de todo el mundo".

Actualmente en España, más allá de la LOMLOE, varias comunidades autónomas están impulsando la implantación de la enseñanza STEM, llegando incluso a reconocer con esta etiqueta a los centros que avanzan en esa dirección. Pero, para que este enfoque se consolide de manera efectiva, aún queda un largo camino por recorrer, como puede observarse en las dificultades habituales del estudiantado español en los informes PISA (muy relacionadas con la carencia de aprendizaje en contexto). Si queremos que estas prácticas se generalicen y formen parte estructural de la hoja de ruta educativa, sería clave contar con profesorado de secundaria que, además de su especialización en matemáticas, disponga de una formación complementaria en áreas como física, química o biología, de modo que pueda contextualizar mejor los contenidos curriculares. También sería necesario incorporar metodologías que favorezcan que los estudiantes construyan su propio conocimiento a partir de la experimentación y la resolución de problemas.

En cualquier caso, el creciente reconocimiento institucional de la enseñanza STEM abre una oportunidad real de cambio, hacia un modelo educativo más conectado con la ciencia, la innovación y los desafíos del futuro.

4.2. SE BUSCAN PROFESORES DE MATEMÁTICAS

La enseñanza, que, como ya hemos comentado, durante siglos ha sido una de las funciones más constantes y apreciadas de las matemáticas y los matemáticos, atraviesa hoy una etapa crítica. En los últimos años, España, al igual que otros países, se enfrenta a una notable escasez de profesorado de secundaria especializado en esta materia. Como consecuencia de ello, cada curso, varias comunidades autónomas se ven obligadas a recurrir a docentes procedentes de otras disciplinas para cubrir las vacantes en los institutos, lo que repercute de manera directa en la calidad de la enseñanza matemática en los niveles preuniversitarios.

Una de las principales causas es, sin duda, el éxito de la disciplina en el mundo empresarial. Muchas empresas requieren matemáticos para manejar la ingente cantidad de datos que nos inundan, para desarrollar algoritmos que optimicen procesos logísticos o para elaborar modelos matemáticos que intentan predecir los movimientos del mercado, o el funcionamiento de ciertas moléculas en el ámbito de los medicamentos (de todo esto hablaremos en el próximo capítulo). Frente a ello, la oferta pública de educación suele tener más dificultades para competir en términos de salarios, reconocimiento social y condiciones laborales, lo que complica atraer y retener a profesionales cualificados. Aunque según el informe Eurydice de la Unión Europea los profesores de secundaria en España ocupan el noveno puesto entre los países mejor pagados en Europa, un docente tarda 39 años en llegar al máximo del salario que puede percibir en nuestro país, mientras que en otros se llega en 12 o 15 años.

Pero, además, las circunstancias sociales de los centros educativos han cambiado mucho a lo largo del tiempo, haciendo más estresante la labor docente, que se ve asfixiada entre las exigencias de los padres, el uso partidista de la educación o los impredecibles cambios que están provocando las redes sociales entre el alumnado. Frente a ello, un compromiso político con la educación (acompañado de una buena dotación de recursos) y una mayor concienciación en las familias de la importancia de la enseñanza para el futuro de sus hijos e hijas podrían traducirse en una mayor apreciación de la profesión. Asimismo, podría aumentarse el número de estudiantes de matemáticas en las universidades, para lo que se necesitaría, evidentemente, incrementar el profesorado en las facultades.

Mientras tanto, podría ofrecerse un curso rápido de actualización matemática para mejorar los conocimientos en la disciplina de los profesores de otras especialidades que están impartiendo docencia en matemáticas. Este tipo de cursos también podrían ser valiosos para los maestros de matemáticas en primaria. Actualmente, estos profesionales reciben una escueta formación matemática en los grados de Educación Infantil y Primaria, aunque después son los responsables de sentar los primeros ladrillos en la educación matemática que se desarrollará en los siguientes años.

CAPÍTULO 5

LAS MATEMÁTICAS COMO LENGUAJE DE LAS CIENCIAS

Cuando se pregunta por la utilidad de las matemáticas (en ocasiones, con un tono ligeramente exasperado, como consecuencia, quizás, de los años escolares de memorización de procedimientos sin aparente sentido ni propósito), una respuesta habitual es el cliché, un tanto vago, de que "las matemáticas están en todas partes". Pero ¿a qué nos referimos con esto? Principalmente, a que las matemáticas proporcionan un sistema preciso y universal para expresar hipótesis, describir y comprobar teorías científicas sobre la naturaleza. Como Leonardo da Vinci (1452-1519) afirmaba: "Ninguna investigación humana puede considerarse verdadera ciencia si no pasa por demostraciones matemáticas". Gracias a ellas, fenómenos tan distintos como el movimiento de los planetas, la propagación de una epidemia o la estructura de un cristal pueden expresarse en un lenguaje claro, manejable y fácilmente computable (algo que es crucial desde la revolución de los ordenadores).

En 1959, el físico Eugene Wigner, Premio Nobel en 1964, mostraba verdadero asombro al contemplar esta "irrazonable eficacia de la matemática en las ciencias naturales", en una conferencia en la Universidad de Nueva York, que publicó al año siguiente en un artículo con el mismo título: "The Unreasonable Effectiveness of Mathematics in the Natural Sciences". En su conferencia, Wigner recordaba diversos conceptos matemáticos con una aplicabilidad que va mucho más allá del contexto en el que se desarrollaron originalmente —que podía haber sido el puro interés matemático—. Su ejemplo central es la ley fundamental de la gravitación que, más allá de los experimentos de Galileo Galilei, permitió, con poca experimentación, describir los movimientos planetarios, gracias a los trabajos de Johannes Kepler e Isaac Newton (de los que se habla en el capítulo 6 de este libro).

Wigner concluía que "la enorme utilidad de las matemáticas en las ciencias naturales es algo que roza el misterio y que no tiene una explicación racional". Aún más, añadía:

> El milagro de la idoneidad del lenguaje matemático para la formulación de las leyes de la física es un regalo maravilloso que no entendemos ni merecemos. Debemos estar agradecidos por ello y esperar que siga siendo válido en las investigaciones futuras y que se extienda, para bien o para mal, para nuestro placer, aunque quizás también para nuestro desconcierto, a amplias ramas del saber.

La fascinación de Wigner está justificada: como ya hemos mencionado en los capítulos anteriores, desde los albores de la humanidad, las matemáticas han servido no solo para describir aspectos de la realidad de forma sintética, sino también para predecir lo que podría pasar en el futuro inmediato. En esto consiste, básicamente, la modelización matemática. Se trata de construir un "mapa", una simplificación, de un fenómeno concreto mediante lenguaje matemático, que no solo describe su momento actual, sino que permite generalizar su comportamiento, hacia el pasado y hacia el futuro, siempre que los principales elementos del "mapa" sigan describiendo el paisaje. La clave es encontrar el patrón, la regularidad, de esos fenómenos y describirlo de forma sintética mediante herramientas matemáticas para, en función de ciertas características medibles, poder realizar predicciones a futuro.

Un modelo matemático no tiene por qué ser complicado: a veces basta con unas pocas reglas bien definidas. Un ejemplo famoso es el Juego de la Vida, que modela la evolución de un sistema mediante unas pocas reglas muy simples, que permiten estudiar desde dinámicas biológicas (crecimiento de colonias de células) hasta la complejidad en sistemas físicos o sociales. Pero también hay modelos extremadamente complejos, como los que se computan en superordenadores para redactar textos emulando el lenguaje humano natural o para, introduciendo datos atmosféricos actuales, anticipar la trayectoria de un huracán.

5.1. MODELOS MATEMÁTICOS: ECUACIONES PARA EXPLICAR Y PREDECIR

Los modelos emplean diferentes tipos de lenguajes matemáticos para describir los fenómenos. En muchos, se usa el lenguaje algebraico, es decir, ecuaciones que permiten expresar relaciones matemáticas entre diversos elementos mediante símbolos y letras. El matemático persa Al-Juarismi (*c.* 780-*c.* 850) sentó las bases de lo que llamó *al-jabr* ('restauración' o 'completación'), término del que procede "álgebra". En concreto, sistematizó por primera vez los métodos para resolver ecuaciones de manera general, sin recurrir a casos concretos ni a procedimientos geométricos aislados. Su nombre dio origen a la palabra "algoritmo", que designa, simplemente, el conjunto de instrucciones claras y ordenadas que permiten resolver un problema o realizar una tarea paso a paso: desde calcular una raíz cuadrada hasta seguir una receta de cocina o seleccionar y ordenar los contenidos que se muestran a un usuario, en función de su perfil, sus preferencias, su historial... Sus obras, traducidas más tarde al latín, ejercieron una influencia decisiva en Europa, donde se consolidó el uso de las ecuaciones como herramienta central para describir relaciones entre cantidades.

A partir de ahí, durante los siglos XV y XVI, los matemáticos desarrollaron nuevas notaciones simbólicas y perfeccionaron la manipulación algebraica. Gracias a estas innovaciones, se pudieron formular y resolver ecuaciones cada vez más complejas, lo que abrió el camino para describir no ya el estado estático de un sistema, sino cómo evolucionaba en el tiempo. El siguiente paso fue preguntarse cómo describir el movimiento o la variación de una magnitud mediante ecuaciones. Tras diversos avances en esta dirección (como los realizados por los calculadores de Merton, de los que hablamos en el capítulo 3), Newton y Leibniz desarrollaron, en el siglo XVII, el cálculo infinitesimal. Esa herramienta, nacida para describir el cambio, abrió la puerta a la ciencia moderna. Con derivadas e integrales, gran parte de la física se tradujo en sistemas de ecuaciones capaces de predecir, con asombrosa precisión, el devenir de los fenómenos. Las primeras permiten medir tasas de cambio instantáneas (como la velocidad de un cuerpo en un momento dado), mientras que las segundas permiten acumular cantidades a lo largo de un intervalo (como la distancia recorrida). Las ecuaciones diferenciales son ecuaciones en las que intervienen funciones y sus derivadas. En general, son muy difíciles de resolver de manera exacta, por lo que se utilizan métodos de aproximación que permiten obtener soluciones prácticas.

El área que estudia estos procedimientos, y que además controla y limita el error cometido al aproximar, se llama análisis numérico. Gracias a él es posible traducir el problema en una serie de operaciones sencillas que pueden resolverse con técnicas iterativas y algoritmos, hoy en día ejecutados por ordenadores, que realizan millones de cálculos sencillos para ofrecer la solución. De esto hablaremos en el capítulo 8.

5.2. ALGUNAS LIMITACIONES DE LOS MODELOS MATEMÁTICOS

Pese a la indudable eficacia de los modelos matemáticos, conviene recordar también sus limitaciones. En primer lugar, en la base de todos los modelos hay supuestos iniciales, es decir, se van a considerar como verdaderos ciertos aspectos del fenómeno, lo que determina los resultados que podrán obtenerse. Por ejemplo, un modelo económico puede asumir que las personas son "racionales" y siempre buscan maximizar su beneficio, aunque en la práctica sabemos que las decisiones humanas están llenas de sesgos y emociones, lo que puede conducir a resultados no siempre verosímiles.

Además, los modelos dependen estrechamente de los datos que se utilizan para hacer las predicciones. Un modelo climático, por ejemplo, no puede hacer buenos pronósticos si los registros de temperatura o precipitaciones son incompletos, o si se han recogido de forma desigual en distintas partes del mundo. Del mismo modo, un modelo epidemiológico puede dar resultados muy distintos en función de cómo se midan los contagios o las tasas de movilidad de la población.

Otro punto clave es que los modelos trabajan bajo condiciones simplificadas. Estas simplificaciones permiten que las matemáticas sean "manejables", pero al mismo tiempo introducen limitaciones que es necesario reconocer. Cuando se olvidan esas restricciones, los resultados pueden ser engañosos o incluso catastróficos. La historia está llena de ejemplos. En 2008, la crisis financiera mundial estalló, en parte, porque los bancos y agencias de inversión confiaron ciegamente en modelos matemáticos que predecían un riesgo casi nulo de impago en las llamadas hipotecas *subprime*. Las ecuaciones eran impecables en el papel, pero no habían considerado ciertos factores humanos y económicos: la burbuja inmobiliaria, la fragilidad del sistema financiero y la inevitable avaricia de muchas personas. Algo parecido ocurría con algunos modelos climáticos tempranos, que no incorporaban interacciones críticas de los océanos o los ciclos del carbono y ofrecían previsiones inservibles. La modelización requiere encontrar un equilibrio entre sus dos objetivos principales: por un lado, simplificar lo suficiente para poder manejar el problema, pero, por otro, no perder la fidelidad necesaria para que las predicciones sean lo suficientemente acertadas.

5.3. MODELOS DE *MACHINE LEARNING*: APRENDER DE LOS DATOS

En las últimas décadas se ha dado un paso más en la modelización matemática con el denominado aprendizaje automático (también conocido por su nombre inglés, *machine learning*). A diferencia de los modelos tradicionales, formulados (por un humano) mediante ecuaciones explícitas que describen el fenómeno, en los modelos de aprendizaje automático son los propios algoritmos los que, a partir de grandes volúmenes de datos, "deducen" patrones y regularidades sin necesidad de conocer de antemano las reglas exactas. Es decir, usando un amplio conjunto de ejemplos conocidos, el algoritmo "ajusta" sus parámetros internos (pesos y conexiones en una red neuronal, por ejemplo) hasta que es capaz de generalizar y procesar cualquier nuevo dato que se le introduzca. Este paso se denomina entrenamiento y su funcionamiento se apoya en fundamentos matemáticos de probabilidad y estadística, de los que hablaremos en el capítulo 7. Por ejemplo, en un modelo de *machine learning* de detección de cáncer pulmonar se introducen miles de radiografías de pulmones sanos y enfermos bien categorizadas, habitualmente por humanos, para ajustar los parámetros de manera que, después, el modelo pueda determinar con una alta probabilidad si una nueva imagen corresponde a un pulmón con o sin cáncer, aun sin contar con una definición de lo que es un tumor de manera conceptual. Cada nueva predicción o clasificación se basa, habitualmente, en un cálculo de la probabilidad de que el resultado sea el correcto, dentro de un marco de incertidumbre cuantificable, a partir de los patrones inferidos de los ejemplos anteriores.

El auge de estas técnicas ha ido de la mano con la proliferación exponencial de los datos provenientes de diversas fuentes, desde sensores colocados en boyas para medir la altura de las olas y la temperatura del mar a cualquier sonda espacial o de nuestra actividad en internet o en las redes sociales. Vislumbrar patrones dentro de esas grandes cantidades de datos permite tomar decisiones informadas en muchos contextos. Se trata, con diversidad de técnicas estadísticas, de identificar tendencias, estructuras o regularidades en los datos para resolver problemas.

El análisis de datos se emplea en campos tan variados como la medicina (la mencionada detección temprana de cáncer en imágenes o la predicción de recaídas en pacientes), la biología (por ejemplo, para el descubrimiento de proteínas), la física (en simulación de partículas o materiales), la economía (en modelos de riesgo financiero y predicción de mercados) e incluso en la vida cotidiana (en las recomendaciones en plataformas de *streaming*, para la traducción automática o en los asistentes de voz). También se emplea en la optimización de recursos para mejorar los transportes de mercancías y pasajeros, por ejemplo.

Desgraciadamente, las grandes corporaciones y algunos partidos políticos también están haciendo usos indeseados de las enormes cantidades de datos personales que los usuarios comparten, sin mucha precaución, en internet y redes sociales para, por ejemplo, identificar un patrón de consumo en los clientes y realizar publicidad personalizada que incite al consumo o para analizar las tendencias políticas y diseñar campañas electorales encubiertas (uno de los escándalos más mediáticos relacionados con datos y privacidad fue el cometido por Cambridge Analytica).

Dentro de los modelos de aprendizaje automático se hallan los grandes modelos de lenguaje (LLM), como ChatGPT, Gemini o LLaMA, de enorme popularidad desde 2022. Estas herramientas de procesamiento, entrenadas con cantidades ingentes de texto o imágenes, son capaces de generar respuestas coherentes, redactar con diferentes estilos, escribir código de programación y mantener conversaciones fluidas de apariencia humana. Su eficacia en estas tareas ha hecho que mucha gente los considere entes verdaderamente inteligentes. Sin embargo, como señala Gary Marcus, uno de sus críticos más conocidos, "los modelos de lenguaje son loros estadísticos: repiten patrones, pero no entienden lo que dicen".

Estos grandes modelos de lenguaje (y otros tipos de redes neuronales) requieren cantidades colosales de memoria y potencia de cómputo. El *Informe sobre la economía digital 2024* de Naciones Unidas advierte que el consumo de recursos, en particular agua y electricidad, por parte de los centros de datos, en especial los dedicados a cálculos de LLM, está alcanzando niveles preocupantes, hasta el punto de amenazar con el agotamiento de materias primas esenciales. Según las conclusiones presentadas, el gasto eléctrico de los principales operadores de centros de datos creció exponencialmente entre 2018 y 2022, con gigantes tecnológicos como Amazon, Alphabet, Microsoft y Meta entre los mayores responsables de este incremento. La Agencia Internacional de la Energía (IEA) calcula que el consumo global de electricidad de los centros de datos en 2022 se situó en torno a los 460 teravatios-hora (TWh). Para poner en contexto, en 2022, Francia consumió 459 TWh. Además, advierte que esta cifra podría superar los 1.000 TWh en 2026. En Irlanda, uno de los principales centros europeos de alojamiento de servidores de grandes tecnológicas, el uso de electricidad por parte de los centros de datos se multiplicó por cuatro entre 2015 y 2022, llegando a representar el 18% del consumo nacional total, un nivel que pone en entredicho la sostenibilidad energética del país. A ello se suman las emisiones asociadas a la generación de esa energía y a los recursos materiales necesarios para fabricar y renovar continuamente el *hardware*.

Otro de los reproches más recurrentes a estos modelos diseñados con aprendizaje automático es la opacidad de su funcionamiento: a menudo, ni siquiera quienes desarrollan el modelo saben explicar con precisión por qué llega a una conclusión concreta. La filósofa de la tecnología Shoshana Zuboff advierte: “Cuando dejamos que las máquinas decidan en silencio, cedemos no solo el control de la información, sino también el del poder de decisión sobre nuestras vidas”. Y, en ocasiones, estas decisiones pueden ser totalmente erradas. Uno de los problemas conocidos de los modelos LLM es su recurrente “inventiva” o “alucinación”: con frecuencia aportan datos de apariencia verosímil, que no son verdaderos. Además, se sabe que los algoritmos reproducen los sesgos de los datos con los que son entrenados; Cathy O’Neil, en su libro *Weapons of Math Destruction* (2016), alertaba de cómo estos modelos pueden amplificar desigualdades y perpetuar injusticias.

5.4. FÍSICA Y MATEMÁTICAS: UN DIÁLOGO CONSTANTE

La capacidad de las matemáticas para traducir fenómenos naturales en enunciados comprensibles, medibles y manejables ha sido esencial en el desarrollo de la física desde sus orígenes. En el capítulo 6 de este libro presentaremos, con más detalle, la relación de estas dos ciencias para dar respuesta a una de las inquietudes más primitivas: la observación del cosmos. Pero, más allá de la cosmología, todas las grandes teorías físicas (desde la mecánica clásica y la termodinámica hasta la mecánica cuántica) se formulan a través de lenguaje y modelos matemáticos. El beneficio entre las disciplinas es mutuo: muchos desarrollos que hoy consideramos puramente matemáticos nacieron de la necesidad de explicar fenómenos físicos. Así ocurrió, por ejemplo, con la teoría de Fourier, que nació del análisis de la propagación del calor y se convirtió en una importante área de la investigación pura en matemáticas, así como herramienta universal para descomponer señales, en todo tipo de disciplinas y aplicaciones. Por ejemplo, la compresión de imágenes y de música en formatos digitales (como JPG o MP3) y su posterior reconstrucción usa *wawelet* u ondículas, un tipo de objeto que procede del análisis de Fourier. Esta herramienta también se ha empleado para estudiar la autoría de obras pictóricas.

Otro ejemplo que muestra de forma clara esta relación es la dinámica de fluidos, el área que estudia el movimiento de líquidos, gases o plasmas. Sus raíces modernas se remontan al siglo XVIII, con la propuesta de Leonhard Euler de unas ecuaciones que describen cómo cambian en el tiempo la velocidad, la presión y la densidad de un fluido ideal al aplicar las leyes de conservación de masa y cantidad de movimiento. Euler dio con estas ecuaciones mientras trataba de resolver un problema muy práctico, del que hablamos en el capitulo 3: el diseño del sistema hidráulico de una fuente encargada por Federico II de Prusia. Aquella tarea de ingeniería lo llevó a buscar una teoría general que explicara cómo se mueven los fluidos en canales y tuberías, y acabó sentando las bases de la hidrodinámica moderna.

Más tarde, estas ecuaciones se ampliaron para añadir los efectos de la viscosidad, que determinan cómo se disipan y se transmiten las fuerzas internas dentro del fluido real, lo que da lugar a las ecuaciones de Navier-Stokes, formuladas en el siglo XIX. Estas ecuaciones describen fenómenos tan diversos como la aerodinámica de un avión o la circulación sanguínea en el cuerpo humano, y su estudio constituye un área de gran relevancia en la investigación matemática. De hecho, las ecuaciones de Navier-Stokes son consideradas uno de los problemas más profundos y difíciles del análisis moderno: comprender si siempre tienen soluciones regulares en tres dimensiones es uno de los siete problemas del milenio propuestos por el Instituto Clay de Matemáticas. Su complejidad ha impulsado el desarrollo de nuevas técnicas matemáticas en áreas como el análisis funcional, la teoría de ecuaciones en derivadas parciales y el cálculo numérico.

Estas ecuaciones se usan también en los modelos de predicción meteorológica, que describen la evolución de la atmósfera a partir de datos como la temperatura, la presión, el viento o la humedad. El nacimiento de la meteorología moderna y de las primeras predicciones del tiempo se asocia a Robert FitzRoy (1805-1865), el capitán del Beagle en la célebre expedición en la que también participó Charles Darwin (1809-1882). Tras regresar de sus viajes de exploración, FitzRoy estableció una red de 15 estaciones costeras que recopilaban información sobre el estado del tiempo y la transmitían a los barcos mediante avisos visuales. Esta información era especialmente útil para la flota pesquera británica, que podía permanecer en puerto ante pronósticos adversos y así evitar accidentes en el mar. Sin embargo, muchos propietarios de barcos a menudo ignoraban las predicciones del sistema, priorizando las ganancias económicas sobre la seguridad de sus tripulaciones. Aquella modesta oficina sentó las bases de la Oficina Meteorológica del Reino Unido, que se convirtió en la institución responsable de la predicción del tiempo y del desarrollo de la meteorología científica en el país.

En la segunda mitad del siglo XX, la meteorología dio un salto cualitativo con la introducción de los modelos computacionales. Gracias al uso de superordenadores, fue posible simular la dinámica de la atmósfera con gran detalle, incorporando millones de datos de temperatura, presión, viento y humedad obtenidos a través de miles y miles de sensores. Como las ecuaciones son demasiado complejas para resolverlas de forma exacta, como ya hemos mencionado que sucede a menudo con las ecuaciones diferenciales, se realizan aproximaciones numéricas, que ofrecen predicciones aproximadas de la evolución futura de la atmósfera. Estos modelos revelaron tener un límite fundamental: en los años sesenta, el matemático y meteorólogo Edward Lorenz (1917-2008) descubrió que pequeñas variaciones en las condiciones iniciales podían provocar resultados drásticamente distintos, lo que dio origen a la teoría del caos. Esto explica por qué las predicciones concretas a largo plazo son inherentemente inciertas.

Sin embargo, sí es posible predecir tendencias generales, como las que se analizan para estudiar el cambio climático, con simulaciones a gran escala que incluyen todo el planeta. Con ellas, se han predicho aumentos en la temperatura media global, se ha estimado la cantidad máxima admisible de gases de efecto invernadero y se evalúa la eficacia de posibles medidas de mitigación. Así, estos modelos ofrecen proyecciones fiables con las que apoyar la toma de decisiones frente a los desafíos ambientales.

5.5. MATEMÁTICAS PARA ENTENDER LA VIDA Y PRESERVARLA

En el siglo XIX, las ecuaciones diferenciales también se comenzaron a utilizar en biología para estudiar el crecimiento poblacional. Lo que empezó como un cálculo para agricultores que querían estudiar la interacción entre diferentes poblaciones en un ecosistema (de qué manera el aumento o la disminución de depredadores afectaba al de presas, y al revés), terminó convirtiéndose en la base de la ecología moderna, de la epidemiología y hasta de los algoritmos que predicen la propagación de un virus. Por ejemplo, el modelo SIR, que se hizo muy popular en la pandemia de COVID-19, se basaba en estas ideas.

Más allá de las ecuaciones diferenciales, el descubrimiento de la estructura del ADN no habría sido posible sin la cristalografía de rayos X, una técnica matemática que transforma la difusa sombra de las moléculas en imágenes capaces de revelar su doble hélice. Por otro lado, la teoría de redes ofrece una representación gráfica y cuantitativa de cómo se organizan las neuronas en el cerebro y cómo fluye la información por sistemas complejos.

En el campo de la biomedicina los usos de las matemáticas son inmensos. Por ejemplo, para extraer información útil de la tomografía por emisión de positrones, que consiste en inyectar un radiotrazador en el cuerpo y realizar una instantánea de su distribución, tras un tiempo de espera, con el fin de detectar posibles cánceres. Durante el examen, se registra de forma continua una serie de imágenes tridimensionales, que muestran la distribución del producto en el cuerpo desde el momento de su inyección. Al observar esta distribución, los médicos y las médicas reciben información más detallada sobre los tejidos diana: sobre su actividad enzimática, su volumen de distribución, etc. Detrás de esta tecnología hay una enorme maquinaria matemática. La reconstrucción de las imágenes no es directa, sino que requiere resolver complicados problemas inversos (que son aquellos que tratan de recuperar la pregunta a partir de una respuesta): según los rayos detectados, se reconstituye la localización y concentración del radiotrazador. Se emplean técnicas de probabilidad, estadística y análisis numérico para mejorar la nitidez de las imágenes, reducir el ruido y calcular parámetros fisiológicos a partir de los datos brutos. Estas herramientas transforman un mosaico de señales incomprensibles en una representación clara y cuantitativa que orienta el diagnóstico y el seguimiento de la enfermedad.

Asimismo, como ya hemos mencionado antes, los sistemas de aprendizaje automático se aplican de manera cada vez más frecuente en la detección de enfermedades, como tumores pulmonares en radiografías, anomalías en ecografías prenatales o microcalcificaciones en mamografías. Pese a la eficacia de esta nueva tecnología, también ha despertado voces críticas que advierten de los riesgos de delegar en exceso el juicio clínico en algoritmos en estos temas tan sensibles. Hay casos documentados de algoritmos que recomendaban tratamientos distintos para pacientes según su raza debido a un sesgo en la base de datos. Algunos profesionales médicos temen que el deslumbramiento tecnológico pueda conducir a un exceso de confianza en sistemas opacos, cuyas decisiones también pueden fallar, sin que seamos capaces de entender por qué. El reto está en lograr que estas herramientas refuercen la mirada humana en lugar de sustituirla, garantizando diagnósticos transparentes y beneficiosos para todas las personas.

5.6. NUDOS Y GRAFOS PARA DESCRIBIR MOLÉCULAS

La teoría de nudos es una rama sorprendente de las matemáticas que, a primera vista, parece un juego con cuerdas. Un nudo matemático no es más que un lazo cerrado, como si anudáramos un cordón y pegáramos sus extremos. El principal objetivo de esta rama de la topología está en decidir cuándo dos nudos aparentemente distintos son, en realidad, el mismo, visto desde perspectivas distintas. Esta disciplina tiene aplicaciones en numerosas ramas de la ciencia: ayuda a entender cómo se pliega el ADN, cuál es la estructura de las moléculas o cuáles son las propiedades exóticas de la materia.

Por ejemplo, los nudos moleculares, que son análogos microscópicos a los nudos habituales, permiten diseñar materiales con propiedades específicas que incluso podrían servir como conductores de medicamentos moleculares a los lugares del cuerpo que lo necesitaran. Los nudos moleculares teóricos se han podido sintetizar en el laboratorio, "enredando" hilos alrededor de iones metálicos para que tengan la estructura adecuada y, después, cerrándolos mediante un catalizador químico. En 1960, el químico Harry H. Wasserman y su equipo obtuvieron la primera síntesis de un objeto de este tipo, con la forma de dos anillos interconectados. Después se han conseguido producir enlaces más complejos, como los denominados anillos de Borromeo o el nudo de trébol, ya en 1980.

Décadas antes, otros químicos y químicas hicieron uso de ideas matemáticas para avanzar en sus investigaciones. Entre ellos, destaca Alexander Crum Brown (1838-1922), que propuso representar las moléculas como grafos matemáticos, donde cada átomo era un punto (o vértice) y los enlaces que lo unían a otros átomos, las líneas (o aristas). Por ejemplo, el agua podía representarse como un vértice de oxígeno unido mediante dos aristas a dos vértices de hidrógeno. Esta forma de dibujar la estructura química era visualmente más clara y sentó las bases de lo que más tarde se conocería como química matemática. Unos años después, el trabajo de Milan Randić (1930-) dio un paso más: cuantificar matemáticamente esas estructuras. En 1975 introdujo el llamado índice de Randić, o primer índice de conectividad, que asigna un valor numérico a cada molécula en función de cómo están conectados sus átomos. Este índice permitió comparar estructuras químicas de forma precisa y sistemática, prediciendo propiedades físicas o químicas incluso antes de realizar experimentos. Uno de los estudiantes de doctorado de Randić, Nenad Trinajstić (1936-) fue el autor de la primera monografía sobre teoría de grafos química, en la que se consolidan formalmente los conceptos y herramientas que permiten analizar moléculas mediante grafos matemáticos. Con esta perspectiva, es posible predecir propiedades específicas de las moléculas y seleccionar nuevos diseños de nuevas moléculas, lo que tiene innumerables aplicaciones biológicas y farmacológicas.

También en relación con la farmacia, las matemáticas han sido clave en el diseño de experimentos para la evaluación de tratamientos, el control de calidad y el cumplimiento normativo. La estadística (de la que hablaremos en el capítulo 8) se emplea tanto para establecer el número adecuado de pacientes en un ensayo clínico como para determinar la eficacia comparativa entre distintos tratamientos. Además, permite analizar la variabilidad en los procesos de producción, garantizando que cada lote cumpla con los estándares de calidad, y predecir posibles efectos secundarios. Un ejemplo ilustrativo es el desarrollo de la insulina sintética, donde el análisis estadístico de distintos ensayos y formulaciones permitió ajustar la dosis y el modo de administración, logrando una terapia segura y efectiva para millones de personas con diabetes.

Por otro lado, en la denominada farmacocinética (que estudia los procesos de absorción, distribución, metabolización y excreción de los fármacos en el organismo) se utilizan las matemáticas para elaborar modelos que describen cómo un medicamento se mueve y transforma dentro del cuerpo. Estos modelos permiten predecir, por ejemplo, la concentración de un fármaco en la sangre en función del tiempo transcurrido desde su administración, lo que es clave para determinar su frecuencia y dosis indicadas. Mediante ecuaciones diferenciales y simulaciones computacionales, los farmacólogos pueden anticipar cómo responderán distintos pacientes a un mismo tratamiento, teniendo en cuenta factores como la edad, el peso, el metabolismo o posibles interacciones con otros fármacos.

5.7. LAS MATEMÁTICAS DEL MONOPOLY

Las matemáticas financieras son un campo de las matemáticas aplicadas que se centra en el modelado de fenómenos económicos y financieros. Las emplean bancos, aseguradoras, gestoras de fondos, empresas y analistas del sector para valorar productos financieros y tomar decisiones de inversión con fundamento cuantitativo. Por ejemplo, son la base de modelos para calcular el precio de derivados como opciones o futuros y para gestionar riesgos y optimizar carteras, permitiendo equilibrar el beneficio esperado y la exposición a pérdidas. Por otro lado, los y las ciudadanas deberían conocer la esencia matemática de estos procesos o, al menos, de los que les afectan directamente —como hipotecas u otros productos financieros— para evitar abusos y administrar adecuadamente sus recursos.

En este campo son fundamentales los resultados de Kiyosi Itô (1915-2008), matemático japonés cuya obra transformó la teoría de la probabilidad y, en particular, el estudio de los procesos estocásticos, que son aquellos que evolucionan de manera aleatoria a lo largo del tiempo. Itô introdujo conceptos clave como la integral estocástica y las ecuaciones diferenciales estocásticas, herramientas que permiten modelar fenómenos impredecibles de forma rigurosa. Su desarrollo del ahora conocido como cálculo de Itô se convirtió en una piedra angular para las matemáticas financieras, ya que facilitaba el análisis y la valoración de activos en mercados donde la incertidumbre es constante. La relevancia de sus contribuciones fue tal que, en el mundo financiero, se le llegó a apodar como "el japonés más famoso de Wall Street".

Pero, por muy robustas que sean las teorías que los sustentan, ninguno de los modelos financieros es infalible, ya que, como hemos mencionado antes, dependen de supuestos que no siempre se cumplen en la complejidad de la realidad económica.

5.8. MATEMÁTICAS EN TODAS PARTES

Lo cierto es que, hoy en día, las matemáticas tienen innumerables aplicaciones. Con las matemáticas se puede optimizar el consumo energético de los edificios mediante simulaciones precisas, integrando datos de sensores, o planificar el abastecimiento de alimentos, prediciendo necesidades y reduciendo los desperdicios. Nos permiten soñar con mejores futuros y ofrecer respuestas a algunos de los grandes desafíos de nuestro tiempo.

Cuando decimos que "están en todas partes", no significa que haya circunferencias o fractales ocultos a nuestro alrededor, sino que es posible y, en muchas ocasiones, valioso, observar y describir la realidad con una mirada matemática. Los pocos ejemplos expuestos sirven para ilustrar que las matemáticas, más allá de ser un elegante lenguaje, son una potente lupa que permite observar patrones que, a simple vista, pueden pasar desapercibidos. Ofrecen herramientas poderosas y, como tal, requieren un manejo responsable. Aunque prometen objetividad y eficiencia, también plantean riesgos: pueden ser opacas y la simplificación que necesariamente producen, según qué contextos, puede llevar a errores o consecuencias no deseadas.

CAPÍTULO 6

MATEMÁTICAS PARA CONOCER NUESTRO UNIVERSO E IMAGINAR MUNDOS QUE (TODAVÍA) NO EXISTEN

Seguramente, cuando los primeros seres humanos levantaban la vista hacia el cielo, se preguntaban qué eran esos diminutos puntos de luz que parpadeaban en la oscuridad, cuál era el papel de la Luna y por qué, incansablemente, aparecía el Sol en el horizonte todas las mañanas. El asombro y la curiosidad conducirían, poco a poco, a los primeros pasos hacia la comprensión de los patrones del cielo. Los primeros astrónomos y astrónomas de la Antigüedad ya observaban el Sol, la Luna, los planetas y las estrellas con métodos y herramientas como los relojes solares, los astrolabios y las primeras tablas astronómicas. Entre sus logros más notables se encuentra la distinción entre los planetas de las estrellas: mientras los primeros se movían lentamente a través del cielo, las estrellas titilaban y parecían permanecer fijas.

El estudio del firmamento llegó a ser tan importante en la civilización babilónica que levantaron grandes construcciones en forma de torre escalonada, los zigurats, que además de cumplir funciones religiosas, servían también como observatorios astronómicos. Además, elaboraron detalladas tablas astronómicas y predicciones de eclipses basadas en ciclos de contemplación. De sus observaciones, sorprendentemente precisas a pesar de la limitación de los instrumentos empleados, ha permanecido el sistema sexagesimal para medir el paso del tiempo y los ángulos.

Para los antiguos egipcios, los astros eran esenciales para organizar la vida cotidiana, ya que señalaban los momentos adecuados para sembrar o cosechar. Por ejemplo, relacionaban el heliaco de la estrella Sirio (es decir, su primera aparición por el horizonte este después de su periodo de invisibilidad) con la inundación anual del Nilo, integrando así la astronomía en su calendario agrícola. A los dos lados del Pacífico, las civilizaciones maya y china desarrollaron complejos calendarios astronómicos, también construyeron observatorios y predecían eclipses solares y lunares. La astronomía matemática india aportó modelos trigonométricos avanzados para describir los movimientos planetarios y elaboró tablas astronómicas muy precisas que influyeron en otras tradiciones científicas de Asia.

Todas estas civilizaciones acumularon observaciones del cielo y desarrollaron sus propios modelos para explicar los movimientos aparentes de los astros, en los que también se integraban las creencias y mitologías del momento. En la antigua Grecia, por ejemplo, se consolidó la idea de que la Tierra ocupaba el centro del mundo (el modelo geocéntrico), pese a que algunos filósofos, como Aristarco de Samos (310-230 a. C.), defendieron el modelo heliocéntrico, adelantándose casi dos siglos a Copérnico.

Aristarco realizó estimaciones de las distancias de la Tierra al Sol y a la Luna, utilizando razonamientos trigonométricos sencillos, para explorar y fundamentar su modelo heliocéntrico. Partió de la idea de que el Sol, la Luna y la Tierra formaba un ángulo recto durante el cuarto creciente o menguante de la Luna. Estimó entonces que el ángulo entre el Sol y la Luna era de 87° (un valor muy impreciso) y concluyó que el Sol estaba unas 20 veces más lejos que la Luna, cuando en realidad lo está unas 400 veces. Basándose en esa proporción, dedujo también que los diámetros del Sol y la Luna debían guardar una relación similar, a partir de lo que concluyó que el Sol era aproximadamente siete veces mayor que la Tierra (hoy sabemos que su diámetro es unas 109 veces mayor que el de la Tierra; de hecho, si el Sol fuera una esfera hueca en su interior cabrían más de 1.300.000 planetas como el nuestro). Además, sostuvo que las estrellas estaban muchísimo más lejos que el

Sol y que este no era más que una estrella más, ideas extraordinariamente avanzadas para su época.

Sin embargo, la falta de observaciones precisas y la predominante aceptación del modelo geocéntrico hicieron que la propuesta de Aristarco cayera en el olvido. En esa visión geocéntrica, dominante durante siglos, se asumía que todos los astros giraban alrededor de la Tierra siguiendo órbitas perfectamente circulares, ya que, para los griegos, el círculo era la figura geométrica perfecta y la base para describir los movimientos celestes. Sin embargo, los astrónomos pronto se dieron cuenta de que el simple modelo circular no podía explicar ciertos fenómenos, como el retroceso aparente de algunos planetas. Para resolver la cuestión, se introdujeron los epiciclos: pequeños círculos sobre los que los planetas giraban mientras describían su trayectoria mayor alrededor de la Tierra. Con el tiempo, el número de epiciclos fue aumentando hasta que el modelo se volvió tan intrincado y artificioso que resultaba poco convincente.

En el siglo XVI, Nicolás Copérnico (1473-1543) propuso un cambio de perspectiva: el Sol, y no la Tierra, ocupaba el centro del sistema solar, tal y como había defendido Aristarco. Pasó gran parte de su vida estudiando y perfeccionando su teoría heliocéntrica, pero no publicó sus conclusiones, contenidas en su obra más famosa, *De revolutionibus orbium coelestium* (*Sobre las revoluciones de los orbes celestes*), hasta el año de su muerte, probablemente por temor a la reacción de la Iglesia y de otros académicos conservadores. Su modelo afirmaba que los planetas describen órbitas circulares alrededor del Sol, mientras un fondo de estrellas fijas permanece inmutable; la Tierra, además de girar sobre sí misma, realiza su viaje anual alrededor del Sol y mantiene una inclinación constante del eje, y la distancia de la Tierra al Sol, aunque grande, es diminuta frente a la inmensidad del firmamento.

Este planteamiento permitió simplificar la explicación de fenómenos como los movimientos de retroceso y avance de los planetas, pero seguía dando problemas: la órbita de Marte no se acomodaba al modelo circular. Johannes Kepler (1571-1630) trató de despejar la cuestión. Para ello, se apoyó en las minuciosas observaciones astronómicas de Tycho Brahe, que había registrado durante años las posiciones de Marte y otros astros con una exactitud inédita para la época. Kepler, convencido como los antiguos griegos de que la naturaleza debía estar escrita en un lenguaje simple y armonioso, quiso describir el movimiento de Marte en su viaje alrededor del Sol mediante círculos, que representaban el ideal de simetría heredado de los griegos y aún muy arraigado en la astronomía renacentista. Sin embargo, tras una década de sucesivos intentos, sus resultados seguían sin reflejar la realidad capturada en los datos de Brahe. Finalmente, Kepler aceptó, a regañadientes, la siguiente conclusión: las órbitas no eran circulares, sino elípticas, con el Sol situado en uno de los focos. Así nació la primera de sus leyes del movimiento planetario. Su segunda ley (el área barrida por la recta imaginaria que une cada planeta con el Sol sobre la superficie de la elipse es la misma en intervalos de tiempo iguales) y la tercera (el cuadrado del periodo de la órbita de un planeta alrededor del Sol es proporcional al cubo del semieje mayor de la elipse) completaron su modelo, recogido en la obra *Astronomia nova*.

A partir de estos postulados, Kepler redefinió el universo como un instrumento musical en su libro *Harmonices mundi*. De forma semejante a la música de las esferas (la antigua idea pitagórica de que los planetas, al moverse en el cosmos, generan una música inaudible basada en proporciones matemáticas, reflejo del orden y la belleza del universo), ahora eran las velocidades angulares de cada planeta en la elipse las que producían diferentes sonidos. En aquellas zonas de la elipse en que el movimiento es más rápido, es decir, en las inmediaciones del Sol, se emitían los agudos. En aquel momento, solo se conocía la existencia de seis planetas, que daban lugar a seis melodías distintas. Kepler representó las velocidades angulares en un pentagrama musical, en el que la nota más baja se correspondía a la del planeta más alejado. La relación entre pares de velocidades angulares es muy parecida a la relación entre intervalos musicales. Las diferentes combinaciones de intervalos musicales o velocidades angulares daban lugar a cuatro acordes primordiales, que Kepler relacionó con el primer acorde de la creación del universo y el final y destructor de este.

6.1. MUCHO MÁS QUE CÍRCULOS DEFORMADOS

Sin embargo, al contrario de lo que pensaba Kepler, las elipses no eran meros "círculos deformados", sino un ejemplo de cómo una familia de curvas mucho más amplia, las cónicas, explica el movimiento de los cuerpos en el universo. Las cónicas, denominadas así porque se obtienen al cortar un cono con un plano, son la parábola (definida como el conjunto de puntos en el plano que están a la misma distancia de un punto fijo, llamado foco de la parábola, y de una recta fija, denominada directriz de la parábola, que no contiene al punto), la hipérbola (el conjunto de puntos para los que la diferencia de sus distancias a dos puntos distintos prefijados, llamados focos, es constante) y la elipse (los puntos tales que la suma de sus distancias a dos puntos fijos, llamados focos, es constante). Así como los planetas describen elipses, los cometas extrasolares que estamos descubriendo siguen órbitas hiperbólicas, de modo que tras su visita ya no volveremos a verlos.

SECCIONES CÓNICAS

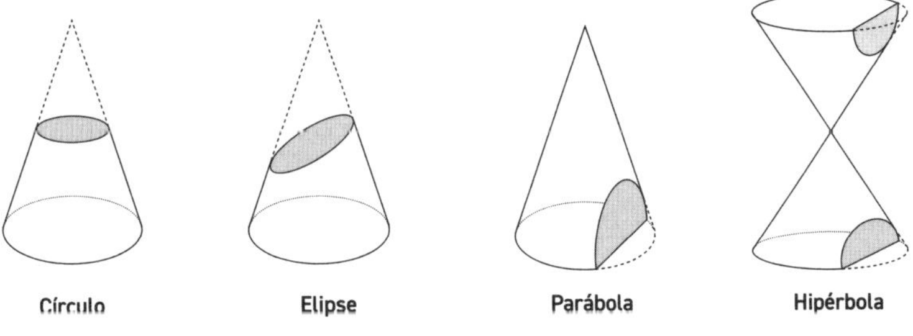

Fuente: Elaboración propia.

Estas figuras eran conocidas en la Grecia clásica. Menecmo (*c.* 380-*c.* 320 a. C.) fue el primero en estudiarlas con detalle, seguido por Euclides, Apolonio de Perga (*c.* 262- *c.* 190 a. C.) y, más tarde, Pappus de Alejandría (*c.* 290-*c.* 350). Hipatia fue también una gran estudiosa de las cónicas. El tratado de Apolonio sobre las cónicas describía con enorme precisión las propiedades de la elipse, la parábola y la hipérbola, y durante muchos siglos sus resultados se conservaron sin apenas cambios, hasta que, en el siglo XVII, Pierre de Fermat (1601-1665) y René Descartes (1596-1650) transformaron la manera de abordarlos. Con sus trabajos nació la geometría analítica, una revolución que consiste, en esencia, en traducir la geometría con el álgebra, y viceversa. Así, a cada punto de un plano, se le asigna una pareja de números (sus coordenadas cartesianas), y a cada curva, una ecuación (que verifica las coordenadas correspondientes a los puntos que se encuentran dentro de la curva). De esta manera, las figuras geométricas dejaron de ser construcciones visuales para convertirse en expresiones que podían manipularse con herramientas algebraicas. Las cónicas fueron el ejemplo fundamental que usó Descartes para mostrar la potencia de su recién introducido método para representar curvas mediante ecuaciones. Fermat, por su parte, desarrolló también ecuaciones para la recta, la circunferencia y las diferentes secciones cónicas, sentando así las bases de la geometría analítica.

6.2. EL MITO DE LA MANZANA

A la teoría de Kepler le faltaba un componente fundamental: explicaba cómo se mueven los astros, pero no daba ninguna justificación para ello. Para hacerlo, eran necesarios dos ingredientes: el cálculo diferencial y la ley de la gravitación. Isaac Newton ideó ambos entre 1665 y 1667, en un periodo de retiro forzado en la granja familiar en Woolsthorpe (Lincolnshire). Esta cuarentena, que él mismo llamaría más tarde sus *anni mirabiles* (años milagrosos), fue debida a una gran epidemia de peste bubónica en Inglaterra que obligó a cerrar el Trinity College de Cambridge, del que Newton era estudiante.

Con apenas 23 años, Newton buscaba una herramienta matemática capaz de describir fenómenos en movimiento y cambio continuo, algo que la geometría clásica no podía manejar. Así, ideó un método para calcular "flujos" y "fluyentes" (lo que hoy llamamos derivadas e integrales), que le permitía estudiar cómo varían las magnitudes en el tiempo.

Newton era celoso de su trabajo y temía las críticas, por lo que no publicó estas ideas inmediatamente, aunque sí las aplicó a sus investigaciones físicas sobre la teoría de la gravedad. Solo décadas más tarde, en medio de la disputa con Gottfried Wilhelm Leibniz, de la que hablamos en el capítulo 3, sacó a la luz sus descubrimientos.

Newton usó los conceptos del cálculo para dar forma matemática a una idea que llevaba siglos rondando las mentes de filósofos y astrónomos: la atracción entre los cuerpos celestes. Con su ley de la gravitación universal enunció que en el universo dos cuerpos cualesquiera se atraen con una fuerza directamente proporcional al producto de sus masas e inversamente proporcional al cuadrado de la distancia que los separa. Expresar la ley con una fórmula matemática precisa supuso un auténtico salto cualitativo: a partir de entonces, no se trataba únicamente de especular sobre cómo funcionaba el cosmos, sino de medir y calcular.

Aunque en su fórmula no aparecen derivadas ni integrales a primera vista, Newton las necesitó para demostrar que realmente describía el movimiento de los planetas y de los cuerpos en general. En concreto, para relacionar la fuerza gravitatoria con la trayectoria de un planeta y también para deducir de su modelo las leyes de Kepler y mostrar que una esfera maciza (como la Tierra o el Sol) se comporta gravitacionalmente como si toda su masa estuviera concentrada en su centro.

Gracias a esta nueva teoría, muchos años más tarde, cuando la ingeniería y la aviación hubieron avanzado lo suficiente, fue posible planificar misiones al sistema solar. Las órbitas y ventanas de lanzamiento de naves espaciales que, según la energía del vehículo, son elipses, parábolas o hipérbolas, se pueden calcular introduciendo los datos iniciales en las fórmulas de Newton. Hoy se hace con potentes ordenadores, pero hasta hace pocas décadas estos tediosos cálculos los realizaban a mano mujeres conocidas como calculadoras. Este papel queda muy bien reflejado en la película *Figuras ocultas* (2016), donde se relatan las contribuciones de Katherine Johnson, Mary Jackson y Dorothy Vaughan al proyecto Mercurio, el primer programa espacial tripulado de Estados Unidos, desarrollado entre 1961 y 1963.

6.3. LAS GEOMETRÍAS DEL UNIVERSO

La historia de la gravedad no termina con Newton. A principios del siglo XX, Albert Einstein (1879-1955) reformuló la concepción de la fuerza que atrae los cuerpos. Con su teoría de la relatividad general, mostró que la gravedad no es tanto una "fuerza", sino una consecuencia de cómo la masa y la energía curvan el espacio y el tiempo a su alrededor. Sin embargo, a escalas planetarias, como en el lanzamiento de cohetes que acabamos de mencionar, sigue funcionando la teoría de Newton, aunque a veces se precise una pequeña corrección relativista.

Curiosamente, para dar una base matemática sólida a las ideas de Einstein, fue necesario recurrir a una herramienta inesperada: las geometrías no euclidianas, que mencionamos en el primer capítulo del libro. Estas nuevas geometrías permitían describir espacios curvos, que no seguían las reglas tradicionales de la geometría plana: las rectas podían curvarse (se definen buscando la mínima distancia entre dos puntos) y los ángulos de un triángulo sobre una superficie no sumaban necesariamente 180°. Este marco, ideado de forma abstracta y sin motivación física, resultó fundamental para Einstein: coincidía con su espacio-tiempo deformado, en el que la gravedad dejaba de ser una fuerza misteriosa que "atraía" los cuerpos a distancia, para convertirse en un efecto de este espacio.

Además, para completar la formalización matemática de su teoría, Einstein recurrió al análisis tensorial, una herramienta desarrollada por los matemáticos italianos Gregorio Ricci-Curbastro (1853-1925) y Tullio Levi-Civita (1873-1941) a finales del siglo XIX y principios del XX. Los tensores son objetos matemáticos que generalizan los conceptos de vectores (que son listas ordenadas de números, con una dimensión) y matrices (cuadrículas de números, como un sudoku, con dos dimensiones) a más dimensiones. En el marco de la relatividad general, los tensores permiten expresar la dependencia que hay entre la curvatura del espacio-tiempo y la distribución de masa y energía.

Tras Einstein, la cosmología experimentó un auténtico estallido de ideas y descubrimientos. Surgieron la teoría del *big bang*, las observaciones de la expansión del universo y la determinación de la constante cosmológica que Einstein había introducido y luego desechado, entre muchos otros avances. Se propusieron topologías insólitas del cosmos y escenarios de multiversos que parecen sacados de la ciencia ficción. Hoy se considera que la forma global del universo es casi plana, pero seguimos sin entender de manera satisfactoria la naturaleza de la materia y la energía oscuras, como mencionamos en el segundo capítulo. Las incógnitas son muchas y profundas, y en todas ellas las matemáticas seguirán siendo una herramienta indispensable para avanzar, ofreciendo tanto el lenguaje como los instrumentos para intentar comprender lo que, hasta ahora, escapa a nuestra mirada.

CAPÍTULO 7

MATEMÁTICAS PARA NAVEGAR EN LA INCERTIDUMBRE

En los capítulos anteriores hemos visto cómo los modelos matemáticos permiten predecir las trayectorias de planetas o el tiempo atmosférico en el futuro, si se conocen las condiciones iniciales de un sistema y se aplican las leyes adecuadas. Pero el azar, la incertidumbre y la incompletitud de los datos ponen límites a ese poder predictivo. Es ahí donde entran en juego las matemáticas de la probabilidad y la estadística que ofrecen herramientas rigurosas para manejar lo incierto, medir riesgos y tomar decisiones en contextos donde lo inesperado forma parte del propio sistema.

La probabilidad es una idea matemática que se usa para modelizar la incertidumbre. Puede definirse como el cálculo que mide las posibilidades de que ocurra un suceso aleatorio, es decir, un evento cuyo resultado no puede conocerse con certeza de antemano, incluso si conocemos las condiciones iniciales. Un ejemplo sencillo es el lanzamiento de un dado de seis caras: al tirarlo, no se puede predecir con total certeza qué cara aparecerá, pero si la posibilidad de que salga cada una de las caras es la misma, se asigna a cada una la misma probabilidad: 1/6 (el número de casos favorables dividido entre el número de casos posibles). Cuando representamos esos posibles resultados (1, 2, 3, 4, 5 o 6) como valores numéricos asociados a un fenómeno incierto, estamos creando lo que en matemáticas se llama una variable aleatoria, una herramienta que permite estudiar el azar de manera precisa y sistemática. Esta idea es simple en juegos de azar, pero cuando los sistemas se vuelven más complejos, con muchas interacciones, el cálculo de probabilidades se convierte en una tarea mucho más compleja.

Hoy en día la probabilidad tiene incontables aplicaciones: desde anticipar los precios de materias primas y su incidencia en las economías domésticas hasta calcular riesgos en medicina o evaluar la seguridad de infraestructuras. La probabilidad es también la base del ya mencionado aprendizaje automático. Un sistema de reconocimiento de voz, por ejemplo, no "sabe" con certeza qué palabra ha pronunciado el usuario o usuaria, sino que calcula la probabilidad de que una secuencia de sonidos corresponda a una u otra palabra y elige la más probable. De manera similar, un clasificador de correos electrónicos no afirma con seguridad que un mensaje sea *spam*, sino que estima una probabilidad de que lo sea y toma decisiones con base en un umbral predefinido.

A pesar de la enorme relevancia de este campo, existe un gran desconocimiento de sus conceptos, técnicas e implicaciones en situaciones cotidianas. Por ejemplo, si un test de detección de cierta enfermedad tiene una sensibilidad del 99%, mucha gente interpreta que un resultado positivo de la prueba supone un 99% de probabilidad de estar enfermo. Sin embargo, esa conclusión es errónea: hay que tener en cuenta la prevalencia de la enfermedad en la población y también la especificidad del test. Si la dolencia solo afecta, por ejemplo, a 1 de cada 10.000 personas, aunque la prueba sea muy específica (digamos que descarta al 99% de gente sana), la probabilidad de estar enfermo tras el resultado positivo es menor al 1%.

Las causas de este desconocimiento pueden ser varias: una cierta falta de intuición para razonar sobre el azar y las grandes cifras, una tendencia cultural a buscar certezas absolutas en lugar de aceptar márgenes de incertidumbre o la forma en que la probabilidad y la estadística se enseñan en la escuela, habitualmente, al final de los temarios, de forma rápida y superficial. Frente a ello, en la Ley Orgánica de Modificación de la Ley Orgánica de

Educación (LOMLOE) en España, que desde 2021 regula el sistema educativo español, se ha incluido como competencia lo que se denomina el sentido estocástico. Se trata de la capacidad para hacer frente a una amplia gama de situaciones cotidianas que implican el razonamiento y la interpretación de datos, la elaboración de conjeturas y la toma de decisiones a partir de la información estadística, su valoración crítica y la comprensión y comunicación de fenómenos aleatorios, así como la capacidad de realizar predicciones. Su desarrollo se inicia en los primeros niveles de escolarización para entrenar, de forma precoz, la intuición sobre la incertidumbre, evitando que se generen sesgos o falsas concepciones.

7.1. DE LOS DADOS A LAS CONJETURAS

En el fondo, lo que hoy se denomina sentido estocástico no es nuevo: se trata de aprender a convivir con la incertidumbre y a razonar con ella, algo que llevan haciendo los y las matemáticas desde hace siglos. Ya existían nociones de azar y regularidad en distintas culturas de la antigüedad, aunque fue en el Renacimiento cuando se desarrolló formalmente la teoría de la probabilidad. Sus orígenes están en el estudio de los juegos de cartas y dados, casi como una forma de extender el propio juego, por mera curiosidad, o para tener una cierta ventaja sobre los adversarios. Uno de los primeros matemáticos en dedicarse a ello fue Gerolamo Cardano (1501-1576), quien formuló las primeras ideas sobre la probabilidad en juegos de dados, con un enfoque práctico, en su obra *Liber de ludo aleae* (El libro del juego de azar). Poco después, Galileo Galilei (1564-1642) profundizó en este mismo juego, mostrando cómo se podían calcular probabilidades simples. Posteriormente, en el siglo XVII, Pierre de Fermat y Blaise Pascal resolvieron de forma rigurosa estos y otros problemas sobre juegos de azar, a través de un rico intercambio epistolar, del que hablamos en el capítulo 3. Sus trabajos establecieron los primeros fundamentos sistemáticos de la teoría de probabilidades y su relación con la combinatoria: la combinatoria proporciona herramientas para contar de manera ordenada todas las posibles disposiciones de los eventos aleatorios, lo que a menudo es necesario para calcular probabilidades.

Las cartas de Fermat y Pascal tuvieron una enorme influencia en Christiaan Huygens (1629-1695), quien desarrolló una teoría de la probabilidad en su libro *De ratiociniis in ludo aleae* (Sobre los razonamientos en el juego de azar). Introdujo definiciones, métodos generales y ejercicios concretos y estableció, como principio rector para diseñar apuestas justas en juegos de azar, la noción de "valor esperado". Este es el valor promedio que se esperaría obtener por jugada si se repitiera el juego un número muy grande de veces. Sin embargo, Huygens no demostró por qué, en la práctica, las repeticiones de un experimento aleatorio deberían reflejar esa media. Fue Jacob Bernoulli (1654-1705), perteneciente a la mayor saga de matemáticos de la historia (los Bernoulli, que suman ocho familiares directos dedicados de forma significativa a las matemáticas o la física matemática), quien dio ese paso fundamental con el teorema de los grandes números. Este afirma de forma precisa algo que ya había intuido Cardano: al aumentar el número de repeticiones de un experimento, la frecuencia relativa de un suceso converge hacia su probabilidad teórica. La demostración de la ley fue publicada dentro de *Ars conjectandi* (El arte de hacer conjeturas), el libro póstumo de Bernoulli.

Es importante recalcar que esta ley solo se cumple en grandes conjuntos de experimentos. Por ejemplo, no significa que si un número ha salido premiado recientemente en un sorteo es "imposible" que vuelva a salir en poco tiempo o, al contrario, que hay una especie de racha que favorece su repetición. Ambas creencias son falsas, porque en un juego de azar, como la lotería, cada sorteo es independiente del anterior y todos los números tienen siempre la misma probabilidad de salir. Solo tras repetir un sorteo un número muy elevado de veces, se podrán observar patrones de forma general, que no permiten hacer predicciones sobre sucesos individuales.

Esta ley se relaciona con la definición frecuentista de probabilidad. Según este enfoque, para determinar la probabilidad de obtener un 3 al lanzar un dado equilibrado, bastaría con repetir el lanzamiento muchas veces, en condiciones idénticas e independientes. La probabilidad se define como el valor al que tiende la frecuencia relativa de aparición de dicho resultado cuando el número de lanzamientos crece indefinidamente. Para formalizarlo, se asocia a cada lanzamiento una variable aleatoria que toma el valor 1 si aparece un 3, y 0 en caso contrario. La frecuencia relativa tras un número n de lanzamientos es la media de esas variables y la ley de los grandes números garantiza que dicha media converge a su valor esperado, que es $1 \cdot 1/6 + 0 \cdot 5/6 = 1/6$. Así, se concluye que la probabilidad de obtener un 3 es 1/6.

Posteriormente, con el desarrollo de la teoría moderna de la probabilidad en el siglo XX, la ley de Bernoulli se generalizó, dando lugar a la formulación moderna de la ley débil de los grandes números. Esta versión no garantiza que la frecuencia observada se quede siempre muy cerca del valor teórico de la probabilidad, pero sí asegura que las desviaciones grandes serán cada vez menos probables a medida que aumenta el número de repeticiones. Más adelante, la ley fuerte de los grandes números estableció un resultado más robusto: si se sigue repitiendo el experimento de manera indefinida, no solo será muy improbable desviarse de la media cuando hacemos muchos intentos, sino que, a la larga, con infinitos intentos, la frecuencia se aproxima totalmente al valor teórico y ya no lo abandona.

7.2. HACIA UNA TEORÍA AXIOMÁTICA DEL AZAR

La influencia del texto de Bernoulli fue enorme, tanto en sus contemporáneos como en matemáticos posteriores, como Abraham de Moivre (1667-1754). En su libro *The Doctrine of Chances*, De Moivre profundizó en la regularidad estadística y observó que cuando el número de ensayos es muy grande la llamada distribución binomial, que describe el número de éxitos en un conjunto de experimentos independientes, cada uno con dos posibles resultados ("éxito" o "fracaso") y todos con la misma probabilidad de éxito, se aproxima a la denominada distribución normal, la característica "curva de campana" en la que la mayoría de los valores se concentran alrededor de la media. Este hallazgo constituyó una versión temprana de uno de los resultados más importantes de la estadística: el teorema central del límite.

DISTRIBUCIÓN BINOMIAL Y DISTRIBUCIÓN NORMAL

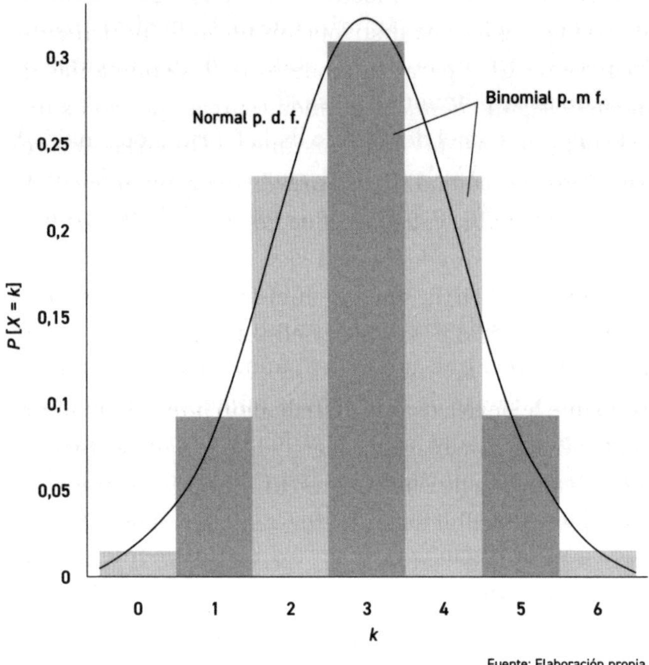

Fuente: Elaboración propia.

Este teorema afirma que si promediamos un gran número de variables aleatorias independientes que tienen la misma distribución (es una función que describe cómo se reparte la probabilidad en una variable aleatoria) y una esperanza (o valor esperado) finita, el resultado se distribuye aproximadamente de manera normal, sin importar demasiado cuál fuera la distribución original de cada variable. Es decir, cuando se tienen muchos datos independientes que se combinan, la forma de la distribución resultante tiende a parecerse a la distribución normal. Esto explica por qué la distribución normal aparece con tanta frecuencia en la naturaleza y en las ciencias sociales: desde la estatura de las personas hasta los errores de medición o las fluctuaciones económicas, muchos fenómenos complejos pueden entenderse como el resultado de la suma de pequeños efectos independientes que, en conjunto, siguen aproximadamente una distribución normal.

De Moivre, sin usar todavía estos conceptos de manera formal, dio un ejemplo de ello: demostró de manera rigurosa que la tasa de mortalidad seguía una distribución normal, un principio que todavía sirve de base para los modelos de las compañías de seguros. Incluso, según cuenta la leyenda (parece que no es una historia real, pero aun así no nos resistimos a contarla, una vez advertida su dudosa veracidad), logró prever su propia muerte. Ya siendo muy anciano, había calculado que dormía 15 minutos más cada noche, por lo que "dormiría para siempre" (24 horas) el 27 de noviembre de 1754. Ese día falleció mientras estaba dormido.

A comienzos del siglo XIX, Carl Friedrich Gauss (1777-1855) aplicó la probabilidad al análisis de errores en observaciones astronómicas, lo que le llevó a usar la distribución normal y profundizar en su estudio. Formalizó esta distribución, que también se conocería como campana de Gauss, como una función matemática continua y la aplicó a problemas prácticos en astronomía y geodesia. En concreto, Gauss estimó con gran exactitud la órbita de Ceres, un planeta enano que los astrónomos acaban de descubrir, cuya posición solo estaba descrita por unas pocas observaciones imprecisas. Para ello, Gauss aplicó, por primera vez, el método de los mínimos cuadrados, que permite encontrar la curva que mejor se ajusta a un conjunto de datos experimentales que tienen cierto error de medición. Esta técnica (la mejor, demostró Gauss, cuando los errores de medición siguen una distribución normal) es la base de muchos métodos estadísticos modernos, como la regresión lineal. En la medalla Gauss que se otorga cada cuatro años en los ICM, se incluyen en el reverso un cuadrado y un círculo para conmemorar ese gran logro.

De manera similar, Pierre-Simon Laplace (1749-1827) amplió la teoría, aplicándola a fenómenos naturales y sociales. Además, formuló el concepto de probabilidad como medida de nuestra ignorancia o incertidumbre frente a un evento. Según Laplace, si se conocieran todos los factores que determinan un evento, entonces sería posible predecir su resultado con certeza y la probabilidad sería innecesaria. Por ejemplo, si se determinan todas las fuerzas que actúan sobre un proyectil, se puede saber exactamente dónde caerá. En cambio, si se desconocen muchos detalles, como pequeñas variaciones en fuerzas, condiciones iniciales o factores externos, no es posible predecir el resultado exacto, y es entonces cuando la probabilidad resulta útil: permite cuantificar la incertidumbre, calcular qué resultados son más o menos probables y tomar decisiones basadas en ello.

Laplace profundizó en estas ideas a partir de la denominada fórmula de Bayes, que permite actualizar la probabilidad de un evento a medida que disponemos de nueva información. La fórmula, ideada por Thomas Bayes (1701-1761) y publicada tras su muerte, en 1763, había pasado desapercibida durante años, hasta que Laplace la popularizó. Permite combinar la creencia inicial (denominada probabilidad *a priori*) con la evidencia observada (probabilidad *a posteriori*), haciendo de la probabilidad una herramienta dinámica y flexible frente a la incertidumbre. Así, en contraposición con la concepción frecuentista de la probabilidad, el enfoque bayesiano introduce una perspectiva subjetiva: la probabilidad representa nuestro grado de creencia o conocimiento sobre un evento, según lo que sabemos hasta ahora. Esto transforma la probabilidad: pasa de ser una propiedad "externa" del mundo a convertirse en una herramienta para razonar sobre la incertidumbre y el conocimiento humano. La probabilidad se transforma, con esta perspectiva, en un medidor del conocimiento y de la ignorancia. El impacto de la estadística bayesiana es fundamental en la estadística moderna y en el aprendizaje automático, donde se usa para inferir patrones, hacer predicciones y tomar decisiones informadas bajo condiciones de incertidumbre.

Por otro lado, en el siglo XX, siguiendo la corriente de axiomatización de las matemáticas de finales del siglo XIX de la que hablamos en el capítulo 1, Andréi Kolmogórov (1903-1987) propuso un marco axiomático riguroso para la teoría de la probabilidad, con unos postulados que permiten definir la probabilidad de manera coherente y consistente en cualquier contexto, desde experimentos sencillos hasta modelos complejos de fenómenos aleatorios. Su definición axiomática de "espacio de probabilidad" establece formalmente qué es un evento y qué significa asignarle una probabilidad. Gracias a esta formulación, cada experimento aleatorio puede representarse mediante un espacio de resultados posibles, un conjunto de eventos y una función de probabilidad que cumple ciertas propiedades. Este enfoque permitió integrar la teoría de la probabilidad dentro del contexto más amplio de la teoría de la medida, una rama de las matemáticas que estudia cómo asignar "tamaños" o "medidas" a conjuntos. Estas ideas tuvieron una gran influencia en la formulación de la mecánica cuántica, donde se miden probabilidades de los estados y no los estados en sí.

7.3. DEMOGRAFÍA Y GUISANTES

La estadística se suele confundir con la teoría de probabilidades, pero, aunque están relacionadas, constituyen disciplinas distintas: mientras la probabilidad se ocupa de cuantificar la incertidumbre y predecir la ocurrencia de eventos, la estadística se centra en analizar datos observados, extraer conclusiones y tomar decisiones informadas a partir de ellos. La estadística moderna surgió en Inglaterra y Escocia, durante los siglos XVIII y XIX, en gran parte como respuesta a necesidades prácticas en medicina y biología, donde era crucial interpretar resultados de experimentos, ensayos clínicos y estudios poblacionales. Al estudiar, por ejemplo, cifras de nacimientos durante varios años, los primeros estadísticos observaron que los fenómenos vitales seguían patrones que podían estudiarse mediante medidas matemáticas, que extraían información útil de grandes conjuntos de datos. Además, la variación entre los datos y las predicciones extrapoladas de estos patrones se convirtió en un objeto de estudio en sí mismo y no solo en un error a ignorar. Entre los primeros impulsores del análisis sistemático de datos se encuentra John Graunt (1620-1674), considerado el fundador de la demografía. Para calcular tasas de fallecimiento y esperanza de vida a partir de los datos de mortalidad de Londres, Graunt introdujo los promedios y las tablas de frecuencia (que organizan los datos mostrando cuántas veces ocurre cada valor). Por su lado, William Petty (1623-1687), miembro fundador de la Royal Society (que mencionamos en el capítulo 3), aplicó métodos cuantitativos para estimar la población y la riqueza del país, usando razones y proporciones.

A finales del siglo XIX, mientras se fue consolidando la recolección y análisis sistemático de datos en Gran Bretaña y Escocia, Gregor Mendel (1822-1884) experimentaba con guisantes en su monasterio de Brno (en la actual República Checa). Mendel aplicó de manera intuitiva un enfoque estadístico para cuantificar la proporción de los distintos rasgos en sus plantas y así descubrir las leyes de la herencia. Francis Galton (1822-1911), primo de Charles Darwin, llevó las ideas de Mendel a la población humana, usando métodos estadísticos en el estudio de las diferencias psicológicas, sobre todo referidas a la inteligencia, que consideraba una facultad hereditaria.

Galton nació en una familia de cuáqueros, dedicados a la fabricación de armas y a la banca. Comenzó los estudios de medicina, pero enseguida cambió a los de matemáticas, que cursó en el Trinity College, de la Universidad de Cambridge. Tras la muerte de su padre, recibió una considerable fortuna, que le permitió dedicarse a la exploración del mundo. En concreto, viajó por el continente africano y lo estudió, analizando su geografía y meteorología. Sin embargo, impresionado tras leer la obra de su primo Charles Darwin, *El origen de las especies*, comenzó a interesarse por los factores que determinan la inteligencia y la personalidad, que, a su entender, debían tener un gran componente hereditario. A partir de entonces, se dedicó plenamente al estudio de la antropometría y de la psicología, para lo que empleó, por primera vez, dos de los instrumentos esenciales de la estadística: la correlación y el análisis regresivo.

Galton buscaba entender cómo intervenían la herencia y el ambiente en la formación de las características que definían al ser humano: sus características mentales, sus rasgos faciales o sus huellas dactilares. Para ello, estudió de forma sistemática enormes cantidades de datos de este tipo. Por ejemplo, analizó la estatura de padres e hijos y observó que los hijos de padres muy altos tendían a ser altos, pero no siempre igualaban a sus progenitores: había una tendencia general, pero con variabilidad. Para cuantificar esta relación, Galton introdujo el concepto de correlación, que expresa matemáticamente el grado en que dos variables cambian de manera conjunta. Una correlación positiva significa que, a medida que una variable aumenta, la otra tiende también a aumentar (como ocurre con la estatura de padres e hijos), mientras que una correlación negativa indica que al aumentar una variable la otra tiende a disminuir. Además, para explicar que los hijos no alcanzaran las medidas extremas de sus padres, sino que tendían a acercarse a la estatura media de la población, ideó la herramienta matemática de la recta de regresión. Mediante esta recta, es posible predecir el valor esperado de una variable (como la estatura de los hijos) a partir de otra (la estatura de los padres), teniendo en cuenta la tendencia general y la dispersión de los datos. Galton incluyó sus hallazgos en su libro *Hereditary Genius* (1865), donde además defendía la polémica idea de que el genio era sobre todo una cuestión de herencia.

Partiendo de estas ideas, Galton propuso aplicar principios similares a los de la selección natural de su primo a la sociedad humana, con la idea de mejorar la "calidad genética" de la población fomentando la reproducción de personas con "características deseables" y limitando la de quienes él consideraba "menos aptos". En la segunda mitad del siglo XX, la eugenesia, tal y como denominó Galton a esta práctica, llevó a políticas coercitivas como esterilizaciones forzadas, discriminación o segregación, e incluso serviría de argumento principal en los programas nazis de genocidio en la década de 1930-1940. Tras la Segunda Guerra Mundial, los juicios de Núremberg y la Declaración Universal de los Derechos Humanos de 1948 marcaron un punto de inflexión, estableciendo que ninguna política podía justificarse en nombre de la "mejora genética" de la humanidad. La eugenesia fue rechazada por la comunidad científica y la sociedad internacional en su conjunto, y ha quedado como un ejemplo paradigmático de cómo el uso irresponsable de la estadística y la biología puede derivar en abuso y tragedia.

Otra de las obras de Galton, *Natural Inheritance* (1889), tuvo una enorme influencia en Karl Pearson (1857-1936), fundador de la bioestadística y uno de los primeros impulsores de la estadística como disciplina de las matemáticas. Aunque su nombre original era Carl, lo cambió a Karl a los 23 años, probablemente por admiración hacia Karl Marx, a quien conoció personalmente. Estudió matemáticas en la Universidad de Cambridge, con profesores de enorme prestigio como George Gabriel Stokes (1819-1903), James Clerk Maxwell (1831-1879) o Arthur Cayley (1821-1895), y, en paralelo, mantuvo un gran interés por la religión y la filosofía. Él mismo decía: "En Cambridge estudié matemáticas, pero leía las obras de Spinoza". Siguiendo esta vocación humanista, al finalizar sus estudios se trasladó a Alemania para formarse en física y metafísica en la Universidad de Heidelberg. Visitó también la Universidad de Berlín, donde estudió leyes, historia medieval y literatura alemana. De hecho, cuando volvió a Inglaterra, la Universidad de Cambridge le ofreció un puesto de profesor de literatura alemana antes de que, en 1885, obtuviera un puesto de catedrático de matemáticas en el University College.

En 1890, con 33 años y sin haber estudiado nunca estadística, se interesó por la disciplina gracias al mencionado libro de Galton. Fascinado por las matemáticas que describen los procesos de la herencia y la evolución, publicó una serie de artículos sobre el análisis de regresión y el coeficiente de correlación. En ellos, Pearson tomó las ideas de Galton y formalizó matemáticamente la correlación y la regresión, convirtiéndolas en conceptos rigurosos, aplicables a cualquier conjunto de datos. Introdujo la fórmula del coeficiente de correlación de Pearson, un valor numérico entre −1 y 1 que mide la fuerza y dirección de la relación lineal entre dos variables: cuanto más cercano a 1 o −1, más fuerte es la relación positiva o negativa, y cerca del 0 indica poca o ninguna relación lineal. Además, introdujo el llamado test del chi cuadrado, que permite comprobar si la distribución observada de un rasgo, por ejemplo, la presencia de un carácter hereditario, se ajustaba a lo esperado por la teoría.

7.4. GOSSET Y LA CERVEZA

El test del chi cuadrado de Pearson fue uno de los primeros test estadísticos que surgieron a principios del siglo XX, ideados para decidir si los datos observados respaldaban o contradecían una hipótesis sobre un fenómeno. De esta manera, era posible comparar la realidad con la expectativa matemática y cuantificar la evidencia en su favor o en su contra. Tras Pearson, Ronald A. Fisher (1890-1962) sistematizó los métodos de contraste de hipótesis, introduciendo conceptos como el valor *p* y el test de significación, y estableció bases rigurosas para aplicar estos métodos en diversas ciencias.

Otro de los test estadísticos más famosos nació para analizar la calidad de la cerveza. La empresa Guiness quería saber si un cambio en la receta de su cerveza realmente mejoraba su sabor o si las diferencias eran solo fruto del azar. Para responder a esta cuestión, el químico y matemático William Sealy Gosset (1876-1937), empleado de la marca, inventó un test que permitía comparar medias de muestras pequeñas y determinar si las diferencias observadas eran estadísticamente significativas. El test estadístico se conoce como *t* de Student debido a que Gosset tuvo que publicar sus hallazgos en estadística (en la revista *Biometrika*, fundada en Oxford en 1901 por Francis Galton, Karl Pearson y Raphael Weldon) con el pseudónimo de Student para no infringir la política estricta de confidencialidad sobre métodos de producción y experimentos de la cervecera. Fue otro de los fundadores de la estadística, Ronald A. Fisher (1890-1962), quien se dio cuenta de la relevancia del método desarrollado por Gosset, en contextos con los que solo se cuenta con muestras pequeñas, por ejemplo, si las muestras son limitadas o los experimentos costosos. Pero, según cuentan, Gosset se quitaba importancia: en una ocasión, tras los sucesivos halagos de un admirador hacia su trabajo, respondió: "Fisher lo habría descubierto de todas maneras".

En 1934 tuvo un accidente de coche; según parece, "chocó con una farola en un camino recto, por mirar hacia abajo y colocar algunas cosas que llevaba encima". Aprovechó los tres meses en la cama para dedicarse por entero al estudio y la investigación de la estadística. Gosset analizó las posibles variaciones en el cultivo con el fin de lograr cosechas robustas, resistentes a los cambios del suelo y del clima. Así, contribuyó a crear un campo fundamental que hoy se conoce como diseño de experimentos, clave para la industria farmacéutica.

7.5. REPRESENTANDO LAS ESTADÍSTICAS CON IMÁGENES

A medida que la estadística fue ganando protagonismo, surgió un nuevo desafío: comunicar los resultados de forma comprensible. En pleno siglo XIX, una enfermera desarrolló nuevos métodos para ello. Tras su participación en la guerra de Crimea, Florence Nightingale (1820-1910) observó que la mayoría de muertes de soldados no se debían a heridas de combate, sino a enfermedades prevenibles como infecciones, cólera o tifus, causadas por la falta de higiene en los hospitales militares. Para demostrarlo, recopiló datos meticulosamente y, lo más innovador, los convirtió en gráficos visuales fáciles de interpretar por políticos y militares, que no estaban habituados a leer tablas de cifras. Entre ellas, destaca la rosa de Nightingale o diagrama de área polar, una representación visual que mostraba cómo la mortalidad caía drásticamente cuando mejoraban las condiciones sanitarias.

En paralelo a Nightingale, el médico inglés John Snow (1813-1858) utilizó mapas de puntos durante la epidemia de cólera en Londres para localizar el origen de la enfermedad en la famosa bomba de agua de Broad Street.

Hoy estos retos persisten: ¿cómo representar cantidades masivas de información de forma clara y comprensible? La visualización de datos se ha sofisticado con *dashboards* interactivos que monitorizan epidemias en tiempo real o mapas dinámicos de cambio climático. Más allá de estas herramientas tecnológicas, la probabilidad y la estadística siguen avanzando para abordar un desafío constante: modelar lo incierto, comprender patrones en medio del caos, anticipar riesgos y facilitar la toma de decisiones fundamentadas en un mundo donde lo inesperado forma parte de la realidad.

CAPÍTULO 8

MATEMÁTICAS PARA ACELERAR LAS MATEMÁTICAS

A medida que avanzaba la historia de las matemáticas (y de la ciencia y la tecnología), los cálculos a los que se enfrentaban las y los investigadores se hicieron más intrincados y tediosos. Para facilitar su resolución, se fueron desarrollando, en paralelo, dispositivos que asistían en esta tarea. Desde el ábaco hasta las primeras tablas de logaritmos o las reglas de cálculo, los matemáticos y matemáticas han diseñado, junto a ingenieros, multitud de instrumentos para facilitar el trabajo numérico, hacerlo más rápido y con menos fallos. Este camino culminó con la invención de los ordenadores, capaces de realizar millones de operaciones en segundos y que, mucho más allá de sus propósitos iniciales, han cambiado profundamente nuestro mundo.

El ábaco nació de manera casi simultánea en distintas culturas de la antigüedad para realizar operaciones aritméticas con rapidez y precisión. La idea es simple: las cantidades se representan mediante la posición de cuentas que se mueven a lo largo de varillas o surcos, convirtiendo el cálculo en un proceso físico y evidente a la vista. Se han encontrado tablillas de arcilla de Mesopotamia (datadas, aproximadamente, en el 2300 a. C.) que muestran disposiciones de fichas móviles que se usaban sobre líneas grabadas para llevar cuentas de mercancías y transacciones. También se han hallado tablas con surcos, de Grecia y Roma (siglo V a. C.-siglo I d. C.), donde se colocaban piedras para realizar cálculos, con un funcionamiento muy parecido al de los ábacos modernos. En el continente americano, los incas desarrollaron su propio ábaco, las llamadas yupanas, que usaban los contadores (quipucamayocs). Ahora bien, la disposición de varillas del ábaco moderno aparece, por primera vez, en el suanpan, un instrumento tremendamente refinado, utilizado desde, al menos, el siglo II a. C. en China. Está constituido por un marco con varillas, cada una de ellas con siete cuentas: dos en la parte superior (cada una con valor de cinco) y cinco en la parte inferior (con valor de uno). Esta configuración permite realizar sumas, restas, multiplicaciones, divisiones e incluso raíces cuadradas y cúbicas.

Otro avance fundamental para simplificar las tareas de cálculo, muchos siglos después, fueron los logaritmos, atribuidos a John Napier (1550-1617). Gracias a sus propiedades

$$\log(a \cdot b) = \log(a) + \log(b) \text{ y } \log(a/b) = \log(a) - \log(b)$$

las multiplicaciones y divisiones pueden transformarse en operaciones de suma y resta, mucho más inmediatas.

Los logaritmos se popularizaron para abordar los largos cálculos que aparecían, por ejemplo, en problemas de astronomía y navegación. Si se querían multiplicar dos números a y b, bastaba conocer los valores de $\log(a)$ y de $\log(b)$, sumarlos y, por último, encontrar el número cuyo logaritmo era esa suma, que era la multiplicación buscada. Para ello, se empleaban unas extensas tablas que incluían los valores de los logaritmos, con varios decimales, de muchos números (por ejemplo, del 1 al 10.000). Durante siglos, las tablas de logaritmos acompañaron a navegantes, astrónomos e ingenieros. Sin embargo, era habitual que se colase algún error entre sus miles de números que, al menos inicialmente, eran obtenidos a mano. Estos pequeños fallos podían arruinar los resultados de un cálculo astronómico o de navegación. Por ese motivo, a lo largo del siglo XVII y hasta el XIX, se dedicaron grandes esfuerzos para revisar, corregir y ampliar las tablas, buscando la máxima fiabilidad.

Una de las estrategias para reducir los errores humanos fue automatizar los cálculos repetitivos con las llamadas calculadoras mecánicas, que comenzaron a desarrollarse en el siglo XVII. Máquinas como la pascalina, de Blaise Pascal, y la máquina aritmética, de Gottfried Leibniz, se basaban en sistemas de ruedas dentadas y engranajes que traducían en movimientos mecánicos operaciones de suma y resta, y, más tarde, multiplicaciones y divisiones mediante repeticiones sucesivas de las anteriores. Aunque estos primeros mecanismos acumulaban errores en operaciones largas y su manejo era muy complicado con números grandes o cálculos más complejos, con los años, se fueron optimizando los diseños. Poco a poco, aparecieron máquinas más confiables, como las calculadoras de Thomas de Colmar (1785-1870), en el siglo XIX, que llegaron a ser comercializadas con éxito.

Charles Babbage (1791-1871) también ideó un dispositivo para producir tablas matemáticas a prueba de fallos. Su "máquina diferencial" era un sistema de engranajes y ruedas capaz de aplicar el llamado método de las diferencias finitas, de modo que únicamente con sumas y restas la máquina pudiera calcular los valores de un polinomio para distintos números, sin intervención humana. Aunque no llegó a construirse en su época, por los altísimos costes y las limitaciones técnicas de la manufactura de precisión del siglo XIX, su diseño era correcto: en 1991 el Museo de Ciencia de Londres ensambló una máquina diferencial nº 2 siguiendo sus planos y demostró que funcionaba a la perfección.

Unos años más tarde, entre 1833 y 1842, concibió la "máquina analítica", que fue considerada el primer diseño (pues tampoco se llevó nunca a cabo) de ordenador programable, es decir, una máquina capaz de realizar diferentes tareas sin modificar su *hardware*. A diferencia de todos los dispositivos propuestos hasta aquel momento, la máquina analítica podía incorporar instrucciones del exterior para ejecutar diferentes operaciones, gracias a un sistema de tarjetas perforadas, inspirado en los telares de Jacquard, que el ordenador podía "leer". Además, su diseño, pensado para funcionar a vapor, era capaz de adaptar sus cálculos teniendo en cuenta resultados intermedios. La matemática Ada Lovelace (1815-1852) redactó lo que mucha gente considera el primer programa informático de la historia para esta máquina. Su código, incluido en las notas que Lovelace realizó sobre el invento, permitía calcular los denominados números de Bernoulli de forma recursiva.

A comienzos del siglo XX, otro matemático también imaginó dispositivos universales, pero no con el fin de realizar cálculos aritméticos, sino para dar respuesta a una pregunta sobre los fundamentos lógicos de la matemática, cercana al programa de Hilbert del que hablamos en el capítulo 1. Alan Turing (1912-1954) estudiaba el llamado problema de la decisión, que plantea si existe o no un método mecánico que pueda determinar si cualquier enunciado matemático es verdadero o falso. En 1936, Turing creó un dispositivo teórico, la máquina de Turing, con el que demostró que tal procedimiento no puede existir en general: hay proposiciones matemáticas cuya verdad o falsedad no puede determinarse mediante un método finito y mecánico. Esta máquina es equivalente a cualquier ordenador: es capaz de almacenar información, ejecutar acciones y controlar su propio funcionamiento con base en una serie de estados. Aunque no es un dispositivo físico, sino una abstracción matemática para definir qué significa "calcular" o "resolver un problema con un algoritmo", su diseño estableció los límites del cálculo e inspiró el desarrollo posterior de la arquitectura de los ordenadores.

Los dispositivos programables se hicieron realidad en los años cuarenta. Entre las primeras máquinas de este tipo, se encuentra la Z3 de Konrad Zuse (1910-1995), el Mark I y gigantes electrónicos como el ENIAC. Estos dispositivos utilizaban tarjetas perforadas como medio de entrada y salida, podían seguir instrucciones generales, almacenar datos intermedios y ejecutar algoritmos complejos. No operaban con engranajes, sino con interruptores y válvulas electrónicas, lo que favoreció el uso del sistema binario (en base dos, con solo dos símbolos: 0 y 1) para representar números y operaciones.

En efecto, los interruptores y válvulas podían estar en dos estados claramente distinguibles: encendido o apagado, que se pueden asociar a los símbolos del sistema binario, 0 o 1. Así, con una línea eléctrica se podía representar cualquier número en su expresión binaria, concatenando ceros y unos. Por ejemplo, el número 578 se expresa en binario como 1001000010, lo que se correspondería con encendido-apagado-apagado-encendido-apagado-apagado-apagado-apagado-encendido-apagado. Y, aún más, también es posible implementar la lógica booleana, que había sido desarrollada en el siglo XIX, sin tener en mente estas aplicaciones, con sistemas eléctricos. Esta lógica se basa en operaciones simples como AND (y), OR (o) y NOT (no), que permiten combinar valores binarios. En un circuito eléctrico, estas operaciones pueden materializarse conectando interruptores en serie o en paralelo, de manera que la corriente solo pasa si se cumplen ciertas condiciones. Con estas herramientas, los ordenadores podían ejecutar instrucciones condicionales (del tipo repetir bucles), lo que permitía resolver problemas mucho más complejos.

Por ejemplo, un programa muy sencillo para establecer si un número es mayor que cero puede venir dado por estas instrucciones con condicionales:

1. Leer el número dado.
2. Si el número es mayor que 0, saltar a la instrucción 4.
3. Si no, mostrar "número negativo o cero" y detenerse.
4. Mostrar "número positivo" y detenerse.

El ejército estadounidense empleó el ENIAC, uno de estos primeros ordenadores, para aproximar soluciones de ecuaciones diferenciales que surgían al estudiar matemáticamente problemas de balística. Uno de los retos era calcular, de forma rápida y precisa, la curva que sigue un proyectil teniendo en cuenta factores como la gravedad, la resistencia del aire y la velocidad inicial. Las encargadas de traducir este problema matemático (y muchos otros) en instrucciones que el ENIAC pudiera ejecutar fueron seis mujeres: Kay McNulty, Betty Jennings, Betty Snyder, Marlyn Wescoff, Fran Bilas y Ruth Lichterman. Para ello, tenían que planificar secuencias de operaciones con precisión milimétrica y luego reconectar cables y ajustar interruptores manualmente. Esta labor, que quedó en la sombra durante mucho tiempo, era tremendamente laboriosa y se considera, ahora, pionera en la programación.

Poco después, se diseñó el EDVAC, que incorporaba la idea revolucionaria de programa almacenado, propuesta por el matemático John von Neumann (1903-1957), inspirado por las ideas de Turing. Su arquitectura almacenaba los programas en la misma memoria que los datos, permitiendo que la máquina realizara diferentes tareas simplemente cargando nuevas instrucciones mediante un lector-grabador de cinta magnética, sin necesidad de reconectar cables. Aun así, las programadoras tenían que manipular códigos binarios, interruptores físicos o tarjetas perforadas, lo que ralentizaba el proceso y podía introducir errores muy difíciles de corregir. Frente a ello, en la segunda mitad del siglo XX surgieron los primeros lenguajes de programación que permitían traducir problemas matemáticos a instrucciones comprensibles por máquinas, de manera que los pudieran ejecutar directamente. En los años cincuenta y sesenta nacieron Fortran, ideado por John Backus (1924-2007), para facilitar el cálculo científico y la resolución de ecuaciones diferenciales, y Cobol, impulsado por Grace Hopper (1906-1992), orientado a problemas de gestión, que acercaba el lenguaje de programación a una sintaxis más humana. Más recientemente, en 1980, surgieron sistemas algebraicos y simbólicos, como Matlab y Mathematica, que permiten manipular expresiones simbólicas, resolver ecuaciones, analizar matrices o modelar sistemas dinámicos. Actualmente MatLab se usa, entre muchas otras cosas, para realizar aproximaciones numéricas extremadamente precisas de problemas matemáticos irresolubles, mientras que Mathematica facilita la exploración de propiedades matemáticas y la automatización de cálculos simbólicos.

8.1. ORDENADORES PARA HACER DEMOSTRACIONES

Desde los años setenta, los ordenadores también se han utilizado como apoyo en las demostraciones elaboradas por las y los matemáticos. Habitualmente, se emplean con el propósito de verificar que una propiedad es cierta. Para ello, en primer lugar, una persona elabora una estrategia que reduce los infinitos casos en los que habría que comprobar la propiedad a un número finito, aunque muy grande, y después una máquina recorre esas configuraciones relevantes, lo que requería años o incluso milenios de trabajo humano manual. En 1976, este enfoque permitió concluir la demostración del teorema de los cuatro colores, que afirma que dado cualquier mapa geográfico con regiones continuas, este puede ser coloreado con cuatro colores diferentes o menos, de forma que no queden regiones adyacentes con el mismo color. Además, como mencionamos en el capítulo 1, también fue usado para probar la conjetura de Kepler sobre la forma óptima de apilar esferas. Unos años más tarde, los asistentes de pruebas formales (como Coq, Isabelle, Lean, etc.) dieron un paso más allá, automatizando el razonamiento matemático completo. Para llevarlo a cabo, se formaliza la demostración en su totalidad, de modo que la máquina verifica toda la lógica paso a paso, asegurando que no hay errores conceptuales ni omisiones.

En los últimos años también se están empleando herramientas de aprendizaje automático para asistir en la labor investigadora de matemáticas. En un reciente artículo, Terence Tao (1975-) sugiere que su uso puede ser especialmente interesante en investigación "para descubrir nuevas relaciones matemáticas o generar ejemplos potenciales o contraejemplos de problemas matemáticos". Sin embargo, aunque es difícil predecir hasta dónde pueden llegar estas herramientas, de momento, la creatividad, la intuición y cierto tipo de pensamiento profundo siguen siendo exclusivamente humanos: mientras los algoritmos pueden sugerir patrones, probar con rapidez miles de casos o incluso demostrar problemas sencillos, solo los y las matemáticas dan sentido a esos hallazgos, los integran en teorías coherentes y deciden qué caminos explorar a continuación. En ese sentido, la colaboración entre mente humana y máquina se perfila como el futuro más prometedor de la investigación matemática.

8.2. MATEMÁTICAS PARA PROTEGER LAS COMUNICACIONES

La criptografía es una rama de las matemáticas dedicada a proteger la información mediante técnicas que impiden que un mensaje pueda ser interceptado por quien no posea la clave adecuada. A lo largo de la historia, ha evolucionado al ritmo de las necesidades humanas de comunicación, poder, comercio y seguridad. Su importancia se ha multiplicado en la era de internet: hoy casi toda interacción (compras, conversaciones, gestiones bancarias, almacenamiento en la nube o simples accesos a páginas web) implica comunicaciones remotas entre máquinas que no se "conocen" entre sí. En ese entorno abierto y potencialmente vulnerable, la criptografía garantiza privacidad, autenticidad y confianza.

Cada sistema criptográfico se basa en ciertas reglas sistemáticas para transformar un mensaje en otro; este resulta ininteligible para quien no posee la clave, pero puede ser fácilmente descifrado por quien sí la conoce. Entre las primeras técnicas conocidas está el código de César, atribuido al general y emperador romano, que consiste simplemente en desplazar cada letra un número fijo de posiciones en el alfabeto. Para descifrar el mensaje, el receptor solo tiene que desplazar las mismas posiciones en el alfabeto en la dirección inversa.

Sin embargo, es relativamente fácil descifrar estas reglas tan simples y "romper" el sistema de cifrado. En el siglo IX, el matemático árabe al-Kindi (801-873), introdujo la técnica fundamental del análisis de frecuencias, observando que, en cualquier lengua, unas letras aparecen más a menudo que otras (en español, por ejemplo, es la "e"). Si un cifrado sustituye siempre una misma letra por otra, ese patrón de frecuencias se mantiene. Así, si en el texto cifrado la letra más repetida es la "j", es muy posible que la regla aplicada sea desplazar cinco posiciones cada letra.

En respuesta a esta vulnerabilidad, el Renacimiento vio nacer el cifrado polialfabético, que utiliza varios alfabetos distintos para cifrar un mismo texto, lo que hace el análisis de frecuencias mucho más difícil. Durante siglos se consideró un método "irrompible". Pero en el siglo XIX, el matemático Charles Babbage (del que ya hemos hablado en este capítulo) descubrió cómo romper el sistema mediante patrones repetitivos y análisis modular, lo que hizo necesario hallar nuevos métodos. Este conflicto perpetuo entre la creación de métodos para proteger secretos y su análisis para desvelarlos ha marcado (y lo sigue haciendo) el desarrollo de la criptografía.

En el siglo XX nació una criptografía completamente distinta, con máquinas de cifrado electromecánicas. La más célebre fue Enigma, utilizada por la Alemania nazi durante la Segunda Guerra Mundial. Basada en permutaciones y rotores que iban modificando la sustitución letra a letra, Enigma representaba la criptografía como una combinación compleja de transformaciones matemáticas. Sin embargo, fue mediante técnicas matemáticas (con el trabajo del también mencionado Alan Turing, Marian Rejewski y otros criptólogos) como se pudo descifrar su funcionamiento.

En la era digital, la criptografía dejó de ser solo un asunto militar y pasó a formar parte de la vida cotidiana, del comercio internacional y de la comunicación civil. Este nuevo escenario exigía algo que ninguna técnica previa podía ofrecer: un sistema que fuera seguro incluso si el adversario conocía el método utilizado. En los años setenta del siglo pasado se creó la criptografía moderna, basada en la teoría de números, el álgebra y la complejidad computacional. Se fundamenta en el uso de funciones unidireccionales: operaciones fáciles de realizar, pero extremadamente difíciles de revertir sin cierta información privilegiada.

El sistema RSA, creado por Rivest, Shamir y Adleman en 1977, es el ejemplo paradigmático. Su seguridad se basa en la dificultad de factorizar números enteros muy grandes en sus factores primos. Aunque multiplicar dos números enormes es sencillo, hacer el camino inverso (descomponer el producto) es computacionalmente arduo.

A partir de entonces, se ha explotado un amplio abanico de posibilidades criptográficas: sistemas basados en curvas elípticas, en retículas o funciones *hash*. En las últimas décadas, la criptografía poscuántica busca anticiparse a los futuros ordenadores cuánticos, cuya potencia podría "romper" sistemas como RSA. Para lograrlo, los matemáticos exploran problemas todavía más difíciles.

8.3. MATEMÁTICAS PARA MEDIR LA COMPLEJIDAD DE LOS PROBLEMAS

Las matemáticas también permiten conocer la dificultad de resolver determinados problemas usando ordenadores. Se trata de la teoría de la complejidad, que no solo analiza qué problemas pueden resolverse de manera algorítmica, sino que también los clasifica según su grado de dificultad. Su objetivo es comprender hasta qué punto los algoritmos pueden ser eficientes y qué problemas resultan intrínsecamente difíciles, o incluso imposibles, de resolver en la práctica, independientemente del método empleado.

Dentro de esta teoría se establecen diferentes categorías de problemas. Una de ellas son los problemas de tipo P: problemas que pueden resolverse con algoritmos "razonablemente rápidos", en el sentido de que el tiempo que tardan en ejecutarse crece, como mucho, siguiendo una potencia del tamaño de los datos de entrada, lo que se denomina tiempo polinómico. Resolver un problema de tipo P puede requerir segundos, minutos o quizá horas para entradas muy grandes, pero sigue siendo realizable con computadoras. Sin embargo, los problemas que quedan fuera de esta clase no pueden resolverse con ningún algoritmo en tiempo polinómico, por lo que son, en la práctica, inabarcables para los ordenadores: basta con aumentar ligeramente el tamaño de los datos iniciales para que el tiempo de cómputo se dispare hasta magnitudes astronómicas (millones de años). Otra categoría de problemas es la NP: problemas cuyos resultados pueden verificarse en tiempo polinómico. Es decir, aunque no se sepa encontrar la solución rápidamente, si se dispone de una posible solución, se puede verificar que es correcta en un tiempo polinomial. La clase P está contenida dentro de la NP, porque todo lo que se puede resolver rápido también se puede verificar rápido (basta con resolver el problema y comparar el resultado con la respuesta que se quiere comprobar). Pero, de momento, no se sabe si hay problemas NP que no estén en P: serían problemas cuyas soluciones pueden verificarse fácilmente, pero no son fáciles de hallar. Probar si estas clases son diferentes o son la misma es otro de los siete problemas del milenio del Instituto Clay y tiene enormes implicaciones teóricas y prácticas en informática, criptografía y optimización.

Para demostrar que un problema es de tipo P, basta con encontrar un algoritmo que lo resuelva en tiempo polinómico. Algunos ejemplos de problemas P son ordenar una serie de números por orden creciente (lo que es una tarea crucial para tratar datos comerciales, por ejemplo), buscar una palabra en un texto o comprobar si un número es primo o no (se probó en 2003 que el tiempo requerido para comprobarlo no crece más rápidamente que la duodécima potencia del número de dígitos). Sin embargo, demostrar que un problema no está en P no es tan sencillo: hay que probar que no existe ningún algoritmo que lo pueda resolver en tiempo polinomial. No basta con observar que todos los algoritmos conocidos hasta ahora son más lentos, porque siempre cabe la posibilidad de que alguien descubra en el futuro un método mucho más eficiente que sí logre encontrar la solución en tiempo polinómico.

Uno de los problemas que, a día de hoy, no se sabe si están en P es el llamado problema del viajante, que busca la ruta más corta para visitar un conjunto de ciudades, pasando por todas ellas una sola vez y volver al punto de partida. Con los mejores algoritmos que se conocen hasta el momento, es posible resolver el problema con unas pocas ciudades en segundos. Sin embargo, cuando el número crece a unas cuantas decenas, la cantidad de posibilidades aumenta descomunalmente rápido. Con 20 ciudades ya hay más de 2,4 trillones de rutas posibles; con 50, el número de rutas supera con creces el número de átomos del universo observable. Para encontrar, entre todas ellas, exactamente la ruta buscada, incluso con los algoritmos más eficientes conocidos, los superordenadores más potentes requieren un tiempo descomunal, que supera la edad del universo. En la práctica, se usan algoritmos aproximados que, aunque no garantizan la solución óptima, encuentran soluciones muy buenas en segundos o minutos, incluso con decenas o cientos de ciudades.

El problema del viajante es un problema NP, pues dada una ruta, existen formas asequibles para probar que es la más corta. Además, pertenece a una clase de cuestiones particularmente difíciles: los problemas NP-completos. Se sabe que si se encuentra un algoritmo que resuelva cualquiera de estos problemas en tiempo polinómico, entonces, todos los problemas de NP también podrían resolverse rápidamente. En consecuencia, tanto si se encuentra un algoritmo que resuelva el problema del viajante de manera eficiente como si se prueba que no se puede resolver rápidamente, quedaría respondida la gran pregunta de si P es igual o distinto de NP (y la persona que lo hiciera recibiría un millón de dólares).

Ahora bien, es posible que estas categorías queden redefinidas en el futuro. Nuevos paradigmas como la computación cuántica, capaz de abordar ciertos problemas a escalas que resultan inalcanzables para las máquinas clásicas, podrían obligar a replantear algunos pilares de la teoría de la complejidad: tareas que hoy consideramos intratables podrían cambiar de categoría, mientras que otras seguirán siendo difíciles por razones más profundas que la potencia de procesamiento. Por el momento, la computación cuántica está limitada por importantes barreras técnicas y conceptuales, cuyo abordaje depende de manera crucial de las matemáticas: desde las que describen la estructura de los algoritmos cuánticos hasta las que modelan el propio comportamiento cuántico de los dispositivos. Al fin y al cabo, las matemáticas han permitido superar innumerables retos a lo largo de la historia y seguirán siendo esenciales para afrontar aquellos que aún no sabemos que tendremos por delante.

LECTURAS RECOMENDADAS

COLE, K. C. (1999): *El universo y la taza de té*, Ediciones B, Barcelona.

GRAHAM, Lauren y KANTOR, Jean-Michel (2012): *El nombre del infinito*, Acantilado, Barcelona.

IFRAH, Georges (2000): *Historia universal de las cifras*, Espasa, Madrid.

KASNER, Edward y NEWMAN, James R. (1940): *MathemaTIC and the Imagination*, Simon & Schuster, Nueva York.

KITAGAWA, Kate y REVELL, Timothy (2024): *La vida secreta de los números: la historia no contada de los pioneros olvidados de las matemáticas desde Hipatia de Alejandría hasta nuestros días*, Paidós, Barcelona.

LABATUT, Benjamín (2023): *MANIAC*, Anagrama, Barcelona.

MACHO, Marta (2024): *Matemáticas × matemáticas*, Los Libros de la Catarata, Madrid.

OGAWA, Yoko y FUJIWARA, Masahiko (2017): *Introducción a la belleza de las matemáticas*, Impedimenta, Madrid.

O'NEIL, Cathy (2018): *Armas de destrucción matemática: cómo el big data aumenta la desigualdad y amenaza la democracia*, Capitán Swing, Madrid.

ORDINE, Nuccio (2013): *La utilidad de lo inútil. Manifiesto*, Acantilado, Barcelona.

PAULOS, John Allen (2004): *Un matemático invierte en la Bolsa*, Tusquets Editores, Barcelona.

— (2016): *El hombre anumérico*, Tusquets Editores, Barcelona.

PRADO-BASSAS, José Antonio (2023): *Historia del infinito*, Pinolia, Madrid.

REY PASTOR, Julio y BABINI, José (2013): *Historia de la matemática. Volumen 1*, Gedisa, Barcelona.

— (2013): *Historia de la matemática. Volumen 2*, Gedisa, Barcelona.

Sautoy, Marcus du (2009): *Simetría: Un viaje por los patrones de la naturaleza*, Acantilado, Barcelona.

— (2012): *Los misterios de los números*, Acantilado, Barcelona.

Stewart, Ian (2023): *17 ecuaciones que cambiaron el mundo*, Crítica, Barcelona.

— (2024): *Las matemáticas del cosmos*, Crítica, Barcelona.

Wallwitz, Georg von (2025): *"Caballeros, esto no es una casa de baños": Cómo un matemático cambió el siglo XX*, Acantilado, Barcelona.